呼和浩特市
优质农畜产品品鉴

◎ 呼和浩特市农畜产品质量安全中心 编

中国农业科学技术出版社

图书在版编目（CIP）数据

呼和浩特市优质农畜产品品鉴 / 呼和浩特市农畜产品质量安全中心编 . -- 北京：中国农业科学技术出版社，2024.4
ISBN 978-7-5116-6762-5

Ⅰ. ①呼… Ⅱ. ①呼… Ⅲ. ①优质农业—农产品—品鉴—呼和浩特 ②优质农业—畜产品—品鉴—呼和浩特 Ⅳ. ① S37 ② S87

中国国家版本馆 CIP 数据核字（2024）第 074710 号

责任编辑　周丽丽　崔改泵
责任校对　李向荣
责任印制　姜义伟　王思文

出 版 者　中国农业科学技术出版社
　　　　　北京市中关村南大街 12 号　　邮编：100081
电　　话　（010）82106638（编辑室）（010）82106624（发行部）
　　　　　（010）82109709（读者服务部）
网　　址　https://castp.caas.cn
经 销 者　各地新华书店
印 刷 者　北京建宏印刷有限公司
开　　本　185 mm×260 mm　1/16
印　　张　10
字　　数　210 千字
版　　次　2024 年 4 月第 1 版　2024 年 4 月第 1 次印刷
定　　价　80.00 元

《呼和浩特市优质农畜产品品鉴》
编审委员会

美丽青城、草原都市——呼和浩特，位于内蒙古自治区中部，北依大青山、南临黄河湾、怀抱敕勒川，全市总面积 1.72 万 km²，辖 9 个旗县区和 1 个经济技术开发区，76 个乡镇，1 013 个行政村。常住人口 355.11 万人，其中城镇人口 283.39 万人，乡村人口 71.72 万人。2022 年，地区生产总值 3 329.1 亿元，其中第一产业增加了 160.6 亿元，同比增长 4.3%，全体居民人均可支配收入 44 696 元，其中城镇常住居民人均可支配收入 54 616 元，农村常住居民人均可支配收入 23 938 元。全体居民人均消费支出 26 154 元，其中城镇常住居民人均消费支出 31 172 元，农村常住居民人均消费支出 17 093 元。

全市农作物播种面积 671 万亩（1 亩≈666.7 m²）左右，已建成高标准农田 326 万亩。粮食作物播种面积约 565 万亩，其中：玉米种植 375 万亩左右；小麦种植 18 万亩左右；豆类种植 25 万亩左右；马铃薯种植 69 万亩左右；其他粮食作物种植面积约 28 万亩。经济作物种植面积为 78 万亩左右。

"两品一标"及名特优新农产品认证情况：截至 2023 年年底，呼和浩特市优质农畜产品总数 264 家，457 个，认证总产量 409.693 42 万 t，其中绿色食品 36 家 84 个产品，认证年产量 50.689 40 万 t；有机农产品 85 家 300 个产品，认证年产量 299.868 60 万 t；地标农产品 5 个；全国名特优新农产品 68 个产品，143 家用标企业，年商品量 59.135 42 万 t。

2023 年 6 月，习近平总书记视察内蒙古首府呼和浩特市与巴彦淖尔市，提出建设国家重要农畜产品生产基地和打造绿色有机品牌的要求，牢牢把握党中央对内蒙古的战略定位，完整、准确、全面贯彻新发展理念，紧紧围绕推进高质量发展这个首要任务，绿色发展为导向，积极融入和服务新发展格局，在建设"两个屏障""两个基地""一个桥头堡"上展现新作为。

呼和浩特市作为内蒙古自治区首府，是内蒙古自治区政治经济文化的中心，根据农牧业天然禀赋，着力打造都市精品农牧业，贯彻新发展理念，在高质量发展的引擎下，更要让农畜产品的科技内涵与品质提升到一个新的高度。务农重本，国之大纲！近年来，按照习近平总书记"四个最严""产出来""管出来"等重要指示精神，呼和浩特市农业农村部门坚持以人民为中心的发展思想，统筹发展和安全，立足新发展阶段、贯彻新发展理念、构建新发展格局、推动高质量发展，把农产品质量安全作为转变农业发展方式、全面推进乡村振兴、加快现代农业建设的重要内容，着力提标准、防风险、严监管、强保障，推进现代农业全产业链标准化，保障绿色优质农畜产品有效供给，全面提升农产品质量安全水平，为保障国家粮食安全、助推农业高质量发展、加快农业农村现代化做出了重要贡献。

我们秉承绿色化、优质化、品牌化的发展理念，全力推动全市农牧业向优质高效转型，突出抓好标准化种养模式，智慧追溯大数据平台得到应用与普及，逐步完善全程可追溯质量安全体系；全市绿色食品、有机产品、农产品地理标志和全国名特优新农产品数量稳步增长，食用农产品承诺达标合格证制度在新型农业经营主体基本实现全覆盖，农牧业高质高效逐渐凸显，正在成为首府乡村振兴的重要力量，将首府"都市农业"打造得更加有内涵。

呼和浩特市农畜产品质量安全中心

2023 年 10 月

目　录

01 土默特左旗篇

　　土默特左旗地处首府呼和浩特市、包头市和鄂尔多斯市的"金三角"腹地，旗域地形北高南低，其南部位于阴山南麓中部的土默川平原上，占全旗总面积的66.5%，山川秀丽，土肥水美，是风吹草低见牛羊的地方；北面是大青山山地，占全旗总面积的33.5%。该地区雨热同期，土壤肥沃，无霜期为133 d，≥10℃的平均数为157 d，积温2 917℃，平均降水量为379 mm，年日照时数为2 952 h，海拔1 000 m，现总耕地面积174万亩，辖6镇、2乡，296个行政村。有八大水沟系及黄河。30 km² 的哈素海和大小河流沟水构成了土默特左旗"四分山水六分川"的地貌特点。哈素海以及丰富的地下水资源，为土默特左旗农牧业发展奠定了得天独厚的条件。2022年全旗完成农作物总播面积156.35万亩，粮食作物播种面积140.39万亩，粮食产量66.75万 t，农作物良种覆盖率97%，农业机械化利用水平 94%。苜蓿种植面积 2.2 万亩，饲草总自给率达到 80% 以上。全旗牲畜存栏 82.1 万头，运营畜禽规模化养殖场区 100 处，规模化奶牛养殖场 68 座，奶牛存栏 17 万头以上，全旗日均交售生鲜乳 1 800 t 以上。水产品养殖面积 7 万亩，总产量 64.29 t，总产值 1 亿元左右。全旗林果面积 3 万亩，主要集中在沿大青山冲积扇区域，其品种主要为小型苹果、李子、杏、葡萄等种类，年产水果总量为 4 万 t。另外土默特左旗近几年大力发展特色产业，有大葱生产区、口肯板香瓜区、毕克齐三辣区、葵花生产区、甜菜生产区、蔬菜生产区、水稻绿色生产区、小麦绿色生产区等，基本形成了八大产业基地，涵盖草业、畜牧养殖业、水产业、葵花产业、食用菌产业、果蔬产业、甜玉米等产业。通过基地的建设，农产品质量认证工作取得长足的发展。截至 2023 年，土默特左旗"三品一标一特"农产品的认证情况：绿色食品认证 4 家，产品 4 个；有机认证 2 家，产品 4 个；地理标志认证产品 2 个；名特优新认证产品 17 个。农产品质量、品质逐年提高，农畜产品质量抽检合格率达 98% 以上。

通过这些年农牧业产业化的发展，逐步形成了以种养为基础，企业为龙头，合作社为纽带的农牧产业化集群，"农户＋基地＋龙头企业"的产业链、服务链逐步形成。目前土默特左旗现有成规模的种养新型经营主体 110 家，其中国家级龙头企业 1 家，自治区的龙头企业 17 家，市级龙头企业 39 家，排名全市前列。

绿色食品认证产品

（一）土默特左旗"甜糯玉米"

证书编号：LB-06-21120516434A

1. 营养指标（表1）

表1 土默特左旗"甜糯玉米"品质主要指标

参数	蛋白质（g/100 g）	总淀粉（%）	直链淀粉（%）	维生素 A（μg/100 g）	硒（μg/100 g）	鲜味氨基酸占总氨基酸比例（%）
测定值	5.01	29.80（鲜样）	1.6	71.90	1.80	25.88
参照值	2.96	22.66（鲜样）	≤3.0	22.76	1.63	24.78

2. 产品品质特征

土默特左旗玉米，在其独特的生长环境下，使其具有高蛋白质、高可溶性糖、高糯性等特点。其颗粒排列整齐紧密，完整饱满，皮薄肉嫩，煮熟后软糯香甜富有弹性；具有较高的蛋白质和较高的维生素 A。

3. 检验依据

《绿色食品　玉米及其制品》（NY/T 418—2023）、《绿色食品　农药使用准则》（NY/T 393—2020）、《绿色食品　肥料使用准则》（NY/T 394—2021）、《绿色食品　标志许可审查程序》、《绿色食品　产地环境质量》（NY/T 391—2021）、《绿色食品　包装通用准则》、《绿色食品　产地环境调查、检测与评价规范》（NY/T 1054—2021）、《定量包装商品净含量计量检验规则》（JJF 1070—2005）。

4. 环境优势

种植基地位于富饶的土默川平原上，本地区属温带季风气候，昼夜温差较大，有利于有机质的积累转化为糖分，适宜的气候和地理条件为"浩峰玉米"的品质创造了先决条件，也造就了土默特左旗玉米高蛋白质、高可溶性糖、高糯性等特点。

市场销售采购信息

内蒙古浩峰农业有限责任公司　联系人：张琼　联系电话：13087106066

（二）土默特左旗"番茄"

证书编号：LB-15-22120514613A

1. 营养指标（表 2）

表 2　土默特左旗"番茄"品质主要指标

参数	维生素 C （mg/100 g）	总酸 （%）	可溶性固形物 （%）	可溶性糖 （%）
测定值	17.8	0.43	7.1	4.44
参照值	14.0	0.476	4.88	2.66

2. 产品品质特征

土默特左旗番茄生长在土默特左旗范围内，其果色为红色，果实圆形，皮薄浆厚，口感甜，产量高，抗逆性强；果肉口感沙，风味甜，有清香味。其表皮光滑，富有弹性，汁水丰满，酸甜可口。且富含维生素 A、维生素 C 和钙、磷、钾、镁、铁、锌、铜和碘等多种元素。

3. 检验依据

《绿色食品　茄果类蔬菜》（NY/T 655—2020）、《绿色食品　农药使用准则》（NY/T 393—2020）、《绿色食品　肥料使用准则》（NY/T 394—2021）、《绿色食品　标志许可审查程序》、《绿色食品　产地环境质量》（NY/T 391—2021）、《绿色食品　产地环境调查、检测与评价规范》（NY/T 1054—2021）。

4. 环境优势

昌德和位于毕克齐镇水磨村地处大青山南麓富饶的土默川平原，在东经 110.111 6° 北纬 40.454 0° 的冲积扇平原地带，属温带半干旱大陆性季风气候。全年四季分明，昼夜温差大，湿度在 50%～57%，水资源丰富，水质甘甜清凉，富含多种有益健康的矿物质。水磨村北的水磨沟有红领巾水库。水磨村的土地由于长期受泄洪水灌溉，土地肥沃，交通便利。水磨村的土壤有机质含量 21.6%、速效钾 452.6%、全氮 1.37% 加上水资源富含矿物质，这里土质特点使得作物抗逆性强，光合作用增强，使得产品的含糖量和着色度提高，从而这里的产品香味浓郁。

▷▷▷ 市场销售采购信息

呼和浩特昌德和农牧业科技发展有限责任公司　联系人：张军义　联系电话：13484717678

（三）土默特左旗"稼泰大米"

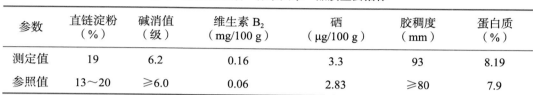

证书编号：LB-03-20120516669A

1. 营养指标（表3）

表3 土默特左旗"稼泰大米"品质主要指标

参数	直链淀粉（%）	碱消值（级）	维生素 B_2（mg/100 g）	硒（μg/100 g）	胶稠度（mm）	蛋白质（%）
测定值	19	6.2	0.16	3.3	93	8.19
参照值	13～20	≥6.0	0.06	2.83	≥80	7.9

2. 产品品质特征

土默特左旗大米，米粒呈椭圆形，百粒重 2.03 g，米粒表面光滑，晶莹油亮，有光泽，质地坚韧，蒸后米饭嚼劲十足，软糯可口，粒感爽滑，后味甘甜；其检测指标蛋白质、胶稠度、碱消值几项高于参考值，直链淀粉符合优质粳米范围，且硒、维生素 B_2 也高于参考值。

3. 检验依据

《绿色食品 农药使用准则》（NY/T 393—2020）、《绿色食品 肥料使用准则》（NY/T 394—2021）、《绿色食品 标志许可审查程序》、《绿色食品 产地环境质量》（NY/T 391—2021）、《绿色食品 包装通用准则》（NY/T 658—2015）、《绿色食品 产地环境调查、检测与评价规范》（NY/T 1054—2021）、《定量包装商品净含量计量检验规则》（JJF 1070—2005）。

4. 环境优势

稼泰种植基地位于北什轴乡 025 县道西的恰台吉村，曾经的恰台吉村土地盐碱化严重，曾被当地百姓称为"不毛之地"。近年来，当地依靠科学技术成功将盐碱地有效改良，培育出适合当地生长的绿色有机水稻。在种植基地产出的大米具有耐盐碱性，正常产地的大米多呈弱酸性，而盐碱地产的大米，呈弱碱性，食用弱碱性食物对人体有好处，加之当地日照时间充足，有利于其中营养成分的积累。

市场销售采购信息

内蒙古稼泰绿色农业开发有限公司　联系人：杨志敏　联系电话：13704718191

（四）土默特左旗"孤臻香瓜子"

证书编号：LB-09-20060503659A

1. 产品品质特征

土默特左旗的向日葵花盘大、结实率高，所产的葵花籽皮色黑亮，葵花籽颗粒大，籽仁饱满，口感香甜，营养丰富。经过国内领先的一系列生产加工流程，生产的瓜子品质一致，芽黄率高，破壳少，消费者在嗑食瓜子的过程中不脏手，不上火，更健康。

2. 检验依据

《绿色食品　烘炒食品》（NY/T 1889—2021）、《绿色食品　农药使用准则》（NY/T 393—2020）、《绿色食品　肥料使用准则》（NY/T 394—2021）、《绿色食品　标志许可审查程序》、《绿色食品　产地环境质量》（NY/T 391—2021）、《绿色食品　包装通用准则》（NY/T 658—2015）、《绿色食品　产地环境调查、检测与评价规范》（NY/T 1054—2021）。

3. 产地概况

该产品种植基地位于土默特左旗敕勒川镇，当地交通便利，水源优质，土壤有机质含量高，且多选用优良品种，采用黄河水灌溉，主施农家肥，产品品质有保障。

4. 产品营养价值及食用方法

葵花籽含脂肪可达 50% 左右，其中主要为不饱和脂肪，而且不含胆固醇；亚油酸含量可达 70%，有助于降低人体的血液胆固醇水平，有益于保护心血管健康。除富含不饱和脂肪酸外，还含有多种维生素、叶酸、铁、钾、锌等人体必需的营养成分。葵花籽中有大量的食用纤维，每 7 g 的葵花籽当中就含有 1 g，比苹果的食用纤维含量高得多。

葵花籽可炒食或烤制后食用，或可加入各种菜肴，因为它们富含蛋白质，所以在菜肴中加入葵花籽可以提升食品的营养价值，可以为沙拉、填塞料、酱汁、菜肴、蛋糕和酸奶酪增添独特的酥脆口感；葵花籽除了可炒食，也可以发芽后烹饪，味道清爽可口。

5. 产品储存方法

凉爽干燥、避光，保存温度最好的是控制在 18～26 ℃，温度不要超过 30 ℃。

市场销售采购信息

内蒙古草原花食品有限公司　　联系人：张亚龙　　联系电话：15924415155

（五）土默特左旗"新家园馍片"

证书编号：LB-51-21110516268A-87A

1. 加工工艺

原料验收→和面→压面→成型→醒发→蒸制→晾制→切片→摆片→第一次烘焙→淋油→第二次烘焙→撒料→包装制冷→装箱。

2. 产品品质特征

土默特左旗"新家园馍片"所用原料均认证了绿色食品，馍片外观金黄酥脆，色泽诱人，经烘烤后，小麦的芬香十分浓郁，入口更是酥脆美味；馍片口味多样，均采用独立包装，方便携带，防潮卫生。

3. 检验依据

《绿色食品　焙烤食品》（NY/T 1046—2016）、《绿色食品　食品添加剂使用准则》（NY/T 392—2023）、《绿色食品　标志许可审查程序》、《绿色食品　包装通用准则》（NY/T 658—2015）、《定量包装商品净含量计量检验规则》（JJF 1070—2023）。

4. 营养价值及储存方法

馍片细密多孔、膳食纤维丰富、进入人体内能充分吸收唾液和胃液，胃肠的蠕动加快，更容易被消化酶所消化，胆固醇、热能的吸收减少，长期食用对于胃肠虚弱、食欲不振、消化不好、食后腹胀的人群具有良好的保健作用。焦黄的馍片含有大量的糊精，不管是孕妇、老人还是小孩，吃了都很容易消化吸收。

未拆封的馍片应放至干燥、避光的地方保存，拆封后，放至凉爽、干燥且避光的地方储存，但不能放置太长时间，馍片接触空气很容易受潮，同时也会缩短馍片的保质期。

> 市场销售采购信息

内蒙古美好食品有限责任公司　联系人：乔丽　联系电话：18048333581

（六）土默特左旗"塞宝燕麦"

证书编号：LB-14-23080514775A　　LB-14-23080514776A

1. 产品品质特征

土默特左旗燕麦外皮呈淡黄色长纺锤形，体型较大，颗粒饱满，粒型均匀、完整；经加工后的燕麦片，片形大且完整，无碎屑，色泽饱满自然，新鲜度好，燕麦的自然香味浓郁。冲泡后食之味道好，咬之有弹性，口感好。

2. 检验依据

《绿色食品　燕麦及燕麦粉》（NY/T 892—2014）、《绿色食品　食品添加剂使用准则》（NY/T 392—2023）、《绿色食品　农药使用准则》（NY/T 393—2020）、《绿色食品　肥料使用准则》（NY/T 394—2021）、《绿色食品　标志许可审查程序》、《绿色食品　产地环境质量》（NY/T 391—2021）、《绿色食品　包装通用准则》（NY/T 658—2015）、《绿色食品　产地环境调查、检测与评价规范》（NY/T 1054—2021）。

3. 环境优势

产地气候主要以温带大陆性季风为主，气候常年比较干燥、冷凉，昼夜温差较大，而且雨热同期，年降水量比较集中，降水量大，常年光照充足，光能资源极其丰富，这种天然条件为燕麦的生长发育提供了极其丰富的光照条件，加之积累了大量的养分，完全适宜生产周期短、耐寒、耐贫瘠、日照长的燕麦作物的生长要求。

4. 营养价值及食用方法

燕麦片中含有一定量的降糖物质，糖尿病患者可以食用；且其中含有大量的膳食纤维和钙等微量元素，可以促进胃肠道的消化与吸收，有效补钙，对于预防骨质疏松有一定作用。

燕麦片一般的食用方法是直接用开水冲服，或煮熟吃；有些即食型麦片可以用来拌牛奶或酸奶食用。

🛒 市场销售采购信息

内蒙古塞宝燕麦产业有限公司　联系人：郎瑞军　联系电话：15904874075

二

全国名特优新农产品名录收集登录产品

（一）口肯板香瓜

证书编号：CAQS-MTYX-20190128

1. 营养指标（表4）

表4　口肯板香瓜独特性营养品质主要指标

参数	可溶性固形物（%）	维生素C（mg/100 g）	总糖（g/100 g）	总酸（以柠檬酸计）（%）	钾（mg/100 g）
测定值	13.6	25.8	13.40	0.144	324
参照值	9.0	15.0	8.87	2	139

2. 产品外在特征及独特营养品质特征评价鉴定

口肯板香瓜主要生长在土默特左旗区域范围内，平均单果重约500 g，果型端正，近圆柱形或阔梨形；果皮光滑，着色均匀，皮薄肉厚，果皮底色为白色，果皮覆纹为浅黄绿色点状条带，果肉为白色；瓜瓤含水较少，果肉与瓜瓤易于分离，口感甜脆，芳香味浓，品质极佳，深受喜爱。内在品质可溶性固形物、维生素C、总糖、钾均高于参考值，总酸优于参考值。

3. 评价鉴定依据

《中国食物成分表》、《绿色食品西甜瓜》（NY/T 427—2022）。

 **市场销售采购信息**

土默特左旗金满地种养殖农民专业合作社　联系人：任兴旺　联系电话：13848378112

土默特左旗溢丰种植农民专业合作社　联系人：乔文平　联系电话：13722048677

土默特左旗口肯板申香瓜种植农民专业合作社　联系人：任兴旺　联系电话：13848378112

土默特左旗金丰惠农种养殖农民专业合作社　联系人：郭俊龙　联系电话：15024916665

土默特左旗闫丽平种植农民专业合作社　联系人：闫丽平　联系电话：15049154828

土默特左旗仁忠义种养殖农民专业合作社　联系人：任忠义　联系电话：13948191851

土默特左旗众创种养殖农民专业合作社　联系人：郭根成　联系电话：15134838876

（二）可沁村小西瓜

证书编号：CAQS-MTYX-20200165

1. 营养指标（表5）

表5　可沁村小西瓜独特性营养品质主要指标

参数	总酸（%）	维生素C（mg/100 g）	硒（μg/100 g）	糖酸比（%）	钾（mg/100 g）
测定值	0.10	6.2	0.28	35	106
参照值	0.2	5.7	0.09	21	97

2. 产品外在特征及独特营养品质特征评价鉴定

可沁村小西瓜在土默特左旗范围内，在其独特的生长环境下，呈圆形，果皮纹路清晰，呈青绿色，果肉呈均匀黄色，肉质细嫩，汁水饱满，口感清爽，味道香甜的特性，内在品质维生素C、硒、糖酸比、钾均高于参考值，总酸优于参考值。

3. 评价鉴定依据

《中国食物成分表》、《西瓜可溶性糖和纤维素含量的近红外光谱测定》、《西瓜果实总糖含量QTL分析》、《地理标志产品大兴西瓜》（GB/T22446—2008）。

市场销售采购信息

土默特左旗初心种植农民专业合作社　联系人：赵海兵　联系电话：15847175086
土默特左旗成志种植农民专业合作社　联系人：靳成兵　联系电话：15394715875

（三）毕克齐大紫李

证书编号：CAQS-MTYX-20200166

1. 营养指标（表6）

表6　毕克齐大紫李独特性营养品质主要指标

参数	总糖（%）	维生素C（mg/100 g）	硒（μg/100 g）	可溶性固形物（%）	固酸比（%）
测定值	9.10	6.9	0.28	13.4	10.8
参照值	8.31	5.0	0.23	12.0	≥8.9

2. 产品外在特征及独特营养品质特征评价鉴定

毕克齐大紫李在土默特左旗范围内，在其独特的生长环境下，果皮表面呈紫红色，果肉呈鲜黄色，果型端正，呈圆球形，果实大小均匀一致，果皮薄，肉质鲜嫩，酸甜可口的特性，内在品质维生素C、固酸比、总糖、硒、可溶性固形物均高于参考值。

3. 评价鉴定依据

《中国食物成分表》、《不同化肥品种及配方对李子产量及营养成分的影响》、《生物保鲜纸对李子贮藏期品质的影响》、《鲜李》（NY/T 839—2004）。

📋 市场销售采购信息

土默特左旗神业种养殖农民专业合作社　联系人：申鸿宾　联系电话：13404819722

土默特左旗绿野林木农民专业合作社　联系人：侯二毛　联系电话：18647100448

土默特左旗绿川种苗生产经营农民专业合作社　联系人：郝小平　联系电话：13947163760

（四）土默特左旗玉米

证书编号：CAQS-MTYX-20200167

1. 营养指标（表7）

表7　土默特左旗玉米独特性营养品质主要指标

参数	蛋白质（g/100 g）	总淀粉（%）	直链淀粉（%）	维生素A（μg/100 g）	硒（μg/100 g）	鲜味氨基酸占总氨基酸比例（%）
测定值	5.01	29.80（鲜样）	1.6	71.90	1.80	25.88
参照值	2.96	22.66（鲜样）	≤ 3.0	22.76	1.63	24.78

2. 产品外在特征及独特营养品质特征评价鉴定

土默特左旗玉米，在其独特的生长环境下，外观紫色白色混合出现，颗粒排列整齐紧密，完整饱满，皮薄肉嫩，煮熟后软糯香甜富有弹性，内在品质具有较高的蛋白质、总淀粉、硒、鲜味氨基酸占总氨基酸含量，且含有较高的维生素A，直链淀粉满足二级质量要求。

3. 评价鉴定依据

《中国食物成分表》、《四个糯玉米品种加工后的品质比较》、《糯玉米》（GB/T 22326—2008）、《速冻甜玉米粒》（DB22/T 1806—2013）、《甜玉米乳熟期籽粒维生素A源和维生素E组分的变异》。

市场销售采购信息

土默特左旗善友板村农牧业发展有限责任公司　联系人：李小龙　联系电话：15184733338
内蒙古浩峰农业有限责任公司　联系人：张琼　联系电话：13087106066

（五）土默特左旗香菇

证书编号：CAQS-MTYX-20200168

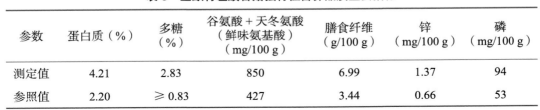

1. 营养指标（表8）

表8　土默特左旗香菇独特性营养品质主要指标

参数	蛋白质（%）	多糖（%）	谷氨酸＋天冬氨酸（鲜味氨基酸）（mg/100 g）	膳食纤维（g/100 g）	锌（mg/100 g）	磷（mg/100 g）
测定值	4.21	2.83	850	6.99	1.37	94
参照值	2.20	≥ 0.83	427	3.44	0.66	53

2. 产品外在特征及独特营养品质特征评价鉴定

土默特左旗香菇在土默特左旗范围内，在其独特的生长环境下，菇形规整，表面呈浅褐色，菌盖圆整，菌褶呈乳白色，菌肉紧实，口感弹韧的特性，内在品质蛋白质、膳食纤维、谷氨酸＋天冬氨酸（鲜味氨基酸）、锌、磷、多糖均高于参考值。

3. 评价鉴定依据

《中国食物成分表》（第六版第一册）、《香菇等级规定划分》（NY/T 1061—2006）、《不同干燥方法对生食香菇品质的影响》、全国地标农产品查询平台"吉林长白山香菇"相关评价指标。

市场销售采购信息

土默特左旗善仁种植农民专业合作社　联系人：胡占军　联系电话：13847114753
土默特左旗善岱村种养殖农民专业合作社　联系人：胡占军　联系电话：15561309555
内蒙古蒙香菇农业发展有限公司　联系人：付海龙　联系电话：13015201333

（六）土默特左旗对虾

证书编号：CAQS-MTYX-20200169

1. 营养指标（表 9）

表 9　土默特左旗对虾独特性营养品质主要指标

参数	钙（mg/100 g）	维生素 A（μg/100 g）	总不饱和脂肪酸（%）	多不饱和脂肪酸 / 总脂肪酸（%）	谷氨酸＋天冬氨酸（鲜味氨基酸）（mg/100 g）	赖氨酸（mg/100 g）
测定值	21.45	5 245	167	67.97	5.4	1 590
参照值	18.60	4 685	193	62.00	4.0	1 457

2. 产品外在特征及独特营养品质特征评价鉴定

土默特左旗对虾在土默特左旗范围内，在其独特的生长环境下，体色为青灰色，其甲壳较薄，体表光滑，虾体完整，体色鲜明正常，体质健壮，煮熟后肉质鲜嫩的特性，内在品质钙、维生素 A、总不饱和脂肪酸、多不饱和脂肪酸 / 总脂肪酸、谷氨酸＋天冬氨酸（鲜味氨基酸）、赖氨酸均高于参考值。

3. 评价鉴定依据

《中国食物成分表》（第六版第二册）。

市场销售采购信息

呼和浩特昊海渔业发展有限公司　联系人：杨林军　联系电话：13314885900
内蒙古挨文水产养殖有限公司　联系人：周挨文　联系电话：15248106173

（七）土默特左旗西瓜

证书编号：CAQS-MTYX-20200467

1. 营养指标（表10）

表10　土默特左旗西瓜独特性营养品质主要指标

参数	总酸（g/kg）	维生素C（mg/100 g）	总糖（g/100 g）	硒（μg/100 g）	谷氨酸＋天冬氨酸（鲜味氨基酸）（mg/100 g）	可溶性固形物（%）
测定值	0.73	14.8	6.9	0.30	135	9.3
参照值	2.00	6.0	4.2	0.09	129	9.0

2. 产品外在特征及独特营养品质特征评价鉴定

土默特左旗西瓜在土默特左旗区域范围内，在其独特的生长环境下，瓜形端正呈椭圆形，单个质量为5.9 kg，瓜皮纹路清晰，呈青绿色，果肉呈均匀鲜红色，肉质沙，汁水饱满，口感清爽，香甜可口的特性，内在品质可溶性固形物、维生素C、总糖、硒、谷氨酸＋天冬氨酸（鲜味氨基酸）均高于参考值，总酸优于参考值。

双红金龙瓤色红艳

3. 评价鉴定依据

《中国食物成分表》（第六版第一册）、《西瓜可溶性糖和纤维素含量的近红外光谱测定》、《西瓜果实总糖含量QTL分析》、《地理标志产品大兴西瓜》（GB/T 22446—2008）。

市场销售采购信息

土默特左旗富国兴民种植农民专业合作社　联系人：索志国　联系电话：15947214850
土默特左旗鑫农种养殖农民专业合作社　联系人：姚俊英　联系电话：15148089652
土默特左旗盛农农民专业合作社　联系人：张四锁　联系电话：15598133127

（八）土默特左旗大米

证书编号：CAQS-MTYX-20200468

1. 营养指标（表 11）

表 11　土默特左旗大米独特性营养品质主要指标

参数	直链淀粉（%）	碱消值（级）	维生素 B_2（mg/100 g）	硒（μg/100 g）	胶稠度（mm）	蛋白质（%）
测定值	19	6.2	0.16	3.30	93	8.19
参照值	13～20	≥ 6.0	0.06	2.83	≥80	7.90

2. 产品外在特征及独特营养品质特征评价鉴定

土默特左旗大米在土默特左旗范围内，在其独特的生长环境下，米粒呈椭圆形，百粒重 2.03 g，米粒表面光滑，晶莹油亮，有光泽，质地坚韧，蒸后米饭口感软糯，香气浓郁的特性，内在品质蛋白质、胶稠度、碱消值高于参考值，直链淀粉符合优质粳米范围，且硒、维生素 B_2 也高于参考值。

3. 评价鉴定依据

《中国食物成分表》（第六版第一册）、《大米胶稠度测定的影响因素研究》、《大米》（GB/T 1354—2018）、《食用粳米》（NY/T 594—2022）。

市场销售采购信息

内蒙古稼泰绿色农业开发有限公司　联系人：杨志敏　联系电话：13704718191
土默特左旗阿勒坦农牧业发展投资有限责任公司　联系人：胡月林　联系电话：13722045222

（九）土默特左旗贝贝南瓜

证书编号：CAQS-MTYX-20200469

1. 营养指标（表 12）

表 12　土默特左旗贝贝南瓜独特性营养品质主要指标

参数	可溶性糖（%）	硒（μg/100 g）	β- 胡萝卜素（μg/100 g）	淀粉（%）	维生素 C（mg/100 g）
测定值	5.00	0.89	8 103	9.90	34.5
参照值	3.51	0.40	2 946	7.94	8.0

2. 产品外在特征及独特营养品质特征评价鉴定

土默特左旗贝贝南瓜在土默特左旗范围内，在其独特的生长环境下，果形为扁圆形，单瓜重 400～500 g，瓜面较粗糙，瓜色为墨绿色，色泽均匀一致，瓜肉颜色为橘黄色，瓜肉厚，其肉质细腻味甜的特性，内在品质维生素 C、可溶性糖、硒、β- 胡萝卜素、淀粉均高于参考值。

3. 评价鉴定依据

《中国食物成分表》（第六版第一册）、《湖南省蜜本南瓜营养品质的分析与评价》、《南瓜果肉营养成分相关性分析及综合营养品质评价》、《鲜切南瓜不同部位生理代谢的研究》、《南瓜品质资源的营养分析》、《8 个南瓜品种果实中 β- 胡萝卜素含量的测定》。

🛒 市场销售采购信息

　　土默特左旗富国兴民种植农民专业合作社　联系人：索志国　联系电话：15947214850
　　土默特左旗鑫农种养殖农民专业合作社　联系人：姚俊英　联系电话：13694712752
　　土默特左旗盛农农民专业合作社　联系人：张四锁　联系电话：15598133127

（十）土默特左旗番茄

证书编号：CAQS-MTYX-20210236

1. 营养指标（表 13）

表 13　土默特左旗番茄独特性营养品质指标

参数	维生素 C（mg/100 g）	总酸（%）	可溶性固形物（%）	可溶性糖（%）
测定值	17.8	0.43	7.1	4.44
参照值	14.0	0.476	4.88	2.66

2. 产品外在特征及独特营养品质特征评价鉴定

土默特左旗番茄生长在土默特左旗范围内，其果色为红色，果实横切面为圆形，果肉颜色为红色，果肉口感沙，风味甜，有清香味。其外观圆润，表皮光滑，富有弹性，汁水丰满，酸甜可口。内在品质维生素 C、可溶性固形物、可溶性糖高于参考值，总酸优于参考值。

3. 评价鉴定依据

《中国食物成分表》（第六版第一册）、《番茄等级规格》（NY/T 940—2006）、《番茄果实可溶性糖含量遗传规律的研究及 QTL 定位》、《影响番茄可溶性固形物含量的相关因素研究》。

市场销售采购信息

呼和浩特昌德和农牧业科技发展有限责任公司　联系人：董志宏　联系电话：13847111336

（十一）土默特左旗高粱红白酒

证书编号：CAQS-MTYX-20210560

1. 营养指标（表14）

表14 土默特左旗高粱红白酒独特性营养品质指标

参数	酒精度（%）	总酸（以乙酸计）（g/L）	总酯（以乙酸乙酯计）（g/L）	固形物（g/L）	乙酸乙酯（g/L）
测定值	50	0.46	3.36	0.03	1.61
参照值	41～68	≥0.40	≥1.00	＜0.40	0.60～2.60

2. 产品外在特征及独特营养品质特征评价鉴定

土默特左旗高粱红白酒为无色透明液体，瓶体规格为500 mL/瓶，该酒清香纯正，醇香柔和，回味悠长。内在品质总酸、总酯均高于参考值，满足优级标准要求；酒精度、乙酸乙酯均符合参考范围，满足优级标准要求；固形物优于参考值，满足优级标准要求。

3. 评价鉴定依据

《清香型白酒》（GB/T 10781.2—2006）。

市场销售采购信息

内蒙古世纪呼白酒业有限责任公司 联系人：刘文斌 联系电话：18947127999

（十二）北得力图红树莓

证书编号：CAQS-MTYX-20210561

1. 营养指标（表15）

表15 北得力图红树莓独特性营养品质指标

参数	维生素C（mg/100 g）	总酸（%）	可溶性固形物（%）	可溶性糖（%）	总黄酮（mg/100 g）
测定值	34.2	1.81	11.3	5.64	16
参照值	9.0	1.27	8.1	5.30	15

2. 产品外在特征及独特营养品质特征评价鉴定

北得力图红树莓生长在土默特左旗范围内，其果实形状呈圆锥形，鲜红色，表面新鲜洁净，成熟度好，大小均匀一致，并伴有浓郁的芳香味，果肉鲜嫩，口感酸爽。内在品质可溶性固形物、维生素C、可溶性糖、总黄酮、总酸均高于参考值。

3. 评价鉴定依据

《中国食物成分表》（第六版第一册）、《盐碱地不同树莓品种果实品质比较》、《两个红树莓品种在天津地区引种及生长适应性研究》。

市场销售采购信息

土默特左旗新裕康特种果业种植农民专业合作社　联系人：王志国　联系电话：15034932080

（十三）土默特左旗黑小麦

证书编号：CAQS-MTYX-20210562

1. 营养指标（表16）

表16 土默特左旗黑小麦独特性营养品质指标

参数	锌（mg/100 g）	必需氨基酸/总氨基酸（%）	不饱和脂肪酸/总脂肪酸（%）	维生素 B_1（mg/100 g）	膳食纤维（g/100 g）
测定值	3.36	28.28	75.5	0.42	9.35
参照值	2.33	26.33	63.6	0.20	8.60

2. 产品外在特征及独特营养品质特征评价鉴定

土默特左旗黑小麦生长在土默特左旗范围内，小麦颗粒呈卵形，百粒重约3.91 g，粒色为黑褐色，颗粒饱满整齐、粒质坚硬。其蛋白质、锌、必需氨基酸含量较高，且硒、不饱和脂肪酸占总脂肪酸百分比、维生素 B_1、膳食纤维高于参考值。

3. 评价鉴定依据

《中国食物成分表》（第六版第一册）、《黑小麦品种选育与营养加工研究》、《五种黑小麦的营养价值、抗氧化活性和淀粉消化性》、《黑小麦的营养特性及其在食品中的应用》。

市场销售采购信息

土默特左旗润兵农业专业种植合作社　联系人：周志兵　联系电话：13804717418

（十四）土默特左旗草莓

证书编号：CAQS-MTYX-20220619

1. 营养指标（表 17）

表 17　土默特左旗草莓独特性营养品质主要指标

参数	可溶性固形物（%）	总糖（g/100 g）	总酸（g/kg）	维生素 C（mg/100 g）	锌（mg/kg）
测定值	11.7	7.60	7.60	77.2	0.748
参照值	≥7.0	5.34	7～10	47.0	0.140

2. 产品外在特征及独特营养品质特征评价鉴定

土默特左旗草莓在土默特左旗范围内，草莓呈圆锥形，单个重约 25 g，带有新鲜绿色萼片，果实呈鲜亮红色，肉质细嫩，甜蜜爽口，伴有浓郁清香味。在其独特的生长环境下，具有果实呈鲜亮红色，肉质细嫩，甜蜜爽口，伴有浓郁清香味。内在品质可溶性固形物、总糖、维生素 C、锌均高于参考值，总酸符合参考范围。

3. 评价鉴定依据

《中国食物成分表》（第六版第一册）、《草莓》（NY/T 444—2001）、《草莓品种果实品质特性比较》、《不同草莓品种果实品质的比较研究》、《苯酚—硫酸法测定草莓中总糖含量》。

🛒 **市场销售采购信息**

土默特左旗阿勒坦农牧业发展投资有限责任公司　联系人：田野　联系电话：18647103684
呼和浩特昌德和农牧业科技发展有限责任公司　联系人：董志宏　联系电话：13847111336
土默特左旗腾实果蔬种植农民专业合作社　联系人：郭羽　联系电话：15924515582

（十五）土默特左旗苹果

证书编号：CAQS-MTYX-20230003

1. 营养指标（表18）

表18　土默特左旗苹果独特性营养品质主要指标

参数	可滴定酸（%）	维生素C（mg/100 g）	总糖（%）	锌（mg/100 g）	可溶性固形物（%）
测定值	0.40	15.3	13.00	0.14	13.8
参照值	0.63	2.3	10.81	0.04	13.5

2. 产品外在特征及独特营养品质特征评价鉴定

土默特左旗苹果，果实集中着红色面积达90%以上，果实端正，果面平滑，果皮较薄，光泽度好；果肉质地紧实细腻，脆而多汁，风味酸甜可口的特性。内在品质维生素C、总糖、锌、可溶性固形物均高于参考值，总酸优于参考值。

3. 评价鉴定依据

《中国食物成分表》（第六版第一册）、《苹果果肉可溶性固形物、可溶性糖与光学性质的关联》、《不同苹果品种果实糖酸组分特征研究》、《绿色食品温带水果》（NY/T 844—2017）、《地理标志产品林芝苹果》（T/LZZLXH 021—2020）。

📑 **市场销售采购信息**

内蒙古敕勒景农科技有限公司　联系人：冯小宝　联系电话：18947960270

（十六）沙尔沁风味酸羊乳

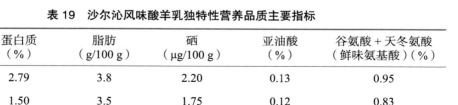

证书编号： CAQS-MTYX-20230772

1. 营养指标（表 19）

表 19　沙尔沁风味酸羊乳独特性营养品质主要指标

参数	蛋白质（%）	脂肪（g/100 g）	硒（μg/100 g）	亚油酸（%）	谷氨酸＋天冬氨酸（鲜味氨基酸）（%）
测定值	2.79	3.8	2.20	0.13	0.95
参照值	1.50	3.5	1.75	0.12	0.83

2. 产品外在特征及独特营养品质特征评价鉴定

沙尔沁风味酸羊乳在土默特左旗范围内，在其独特的生产环境下，具有状态均匀、浓稠，煮热后口感香醇浓郁，具有鲜美的乳香味的特性。内在品质蛋白质、脂肪、硒、亚油酸、谷氨酸＋天冬氨酸（鲜味氨基酸）均高于参考值。

3. 评价鉴定依据

《中国食物成分表》（第六版第二册）、《超高压羊奶中蛋白质和氨基酸含量的实验研究》。

🛒 **市场销售采购信息**

内蒙古特羊牧业科技有限公司　联系人：吕婷　联系电话：18947146852

（十七）土默特左旗牛肉干

证书编号： CAQS-MTYX-20230773

1. 营养指标（表 20）

表 20　土默特左旗牛肉干独特性营养品质主要指标

参数	蛋白质（%）	锌（g/100 g）	天冬氨酸（g/100 g）	赖氨酸（g/100 g）	不饱和脂肪酸占总脂肪酸百分比（%）
测定值	66.7	8.81	5 460	5 020	54.14
参照值	45.6	5.51	2 896	2 627	48.98

2. 产品外在特征及独特营养品质特征评价鉴定

土默特左旗牛肉干在其独特的生产环境下，具有外观呈棕褐色，肉质紧实，口感结实，嚼劲足，肉香浓郁的特性，内在品质蛋白质、锌、赖氨酸、天冬氨酸、不饱和脂肪酸占总脂肪酸百分比均高于参考值。

3. 评价鉴定依据

《中国食物成分表》（第六版第二册）、《牦牛肉干》（GB/T 25734—2010）。

市场销售采购信息

内蒙古润苑食品有限公司　联系人：李官红　联系电话：13214712951

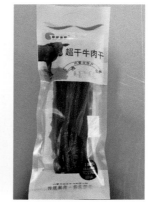

02 托克托县篇

    托克托县位于自治区中部，大青山南麓、黄河上中游分界处北岸的土默川平原上，北依阴山，南临黄河，地处呼、包、鄂"金三角"开发区腹地。县境南北直距54.5 km，东西直距42 km，总面积1 416.8 km²，境内有7条河流，黄河流经37.5 km，年平均径流量为214.11亿 m³。耕地面积68 060 km，林草地面积40 808 km。辖5个镇和1个黄河湿地管护中心、16个社区和120个行政村，居住着蒙、汉等32个民族，常住人口16.6万人。

    托克托历史悠久、文化底蕴深厚，是内蒙古最早的人类发祥地之一。早在五六千年前的新石器时代，就有人类在此生息繁衍，县内有被考古学家命名为海生不浪文化的新石器人类遗址。公元前390年，赵武侯筑云中城。公元前307年，赵武灵王置云中郡并改革军制，实行"胡服骑射"。公元前221年秦统一六国后，云中郡成为秦三十六郡之一。公元 1392 年，筑东胜卫城，现为我国夯土板筑古城中保存最完整的一座城池。明嘉靖十年（公元 1531 年），阿拉坦汗义子"妥妥"驻牧东胜卫城，"托克托"由此得名。

近年来，托克托县坚持以习近平新时代中国特色社会主义思想为指导，深入贯彻落实习近平总书记对内蒙古重要讲话重要指示批示精神，全面对标市第十三次党代会争创"三个城市"、打造"四个区域中心"、融入"四大经济圈"、建设"五宜城市"、培育"六大产业集群"目标任务，立足新发展阶段，贯彻新发展理念，融入新发展格局，着力构建现代化工谷、绿色能源谷、生物医药谷、新型材料谷、循环低碳谷"五谷"，现代农牧带、黄河旅游带"两带"，黄河流域生态保护和高质量发展样板区"一区"新格局，奋力开创新时代中国特色社会主义现代化强县建设新局面。

托克托县农业总播面积 100 万亩，粮食作物总产量达 35 万 t。已建成圣牧、优然、利兴、赛科星等规模化牧场 31 个。规模化养殖场达 122 家，牲畜总存栏 60.9 万头。全县现有农牧业龙头企业 101 家，其中国家级龙头企业 2 家、自治区级龙头企业 14 家、市级龙头企业 85 家；农民专业合作社共 228 家，其中国家级示范社 4 家、自治区级示范社 11 家、市级示范社 14 家，农业基础和产业化水平不断提升。

托克托县农牧业种植品种主要为玉米、紫花苜蓿、葡萄、辣椒、红富士苹果、杏等种类。截至目前，我县"三品一标"农产品的认证情况：绿色认证 3 家，产品 3 个；名特优新认证产品 11 个。

绿色食品认证产品

（一）托克托县"托县豆腐"

证书编号：LB-08-2120519234A

1. 营养指标（表1）

表1 托克托县"托县豆腐"品质主要指标

参数	蛋白质（g/100 g）	水分（g/100 g）
测定值	11.6	77.8
营养素参考值	≥5.9	≤85.0

2. 产品外在特征及独特品质特征评价鉴定

"田肴"牌"托县豆腐"，以黑豆为原料加，石磨磨制。其做工精细，入口细嫩、味道鲜美纯正而远近闻名。它既是大众化的素菜，又是当地人馈赠亲友的佳品。

热腾腾、白嫩嫩、水鲜鲜的新豆腐，用不着调料也能吃上一两斤，真是一顿美味的早餐。这时，食者才体会到何以称作"打"豆腐，而不是买豆腐的奥妙。若入锅炖，则佐以本县新营子镇盛产的小茴香，一遛湾的辣椒面，一刻钟后，一锅块整、洁白、松软有弹性的豆腐芳香四溢，令人食欲大增。其性热健胃，色香味俱佳。"田肴托县酸浆豆腐"在2020年被列入市级"非物质文化遗产"名录。

3. 评价鉴定依据

《绿色食品　食品添加剂使用准则》（NY/T 392—2023）、《绿色食品　农药使用准则》（NY/T 393—2020）、《绿色食品　标志许可审查程序》、《绿色食品　产地环境质量》、《绿色食品　产地环境调查、检测与评价规范》（NY/T 1054—2021）。

4. 产地概况

"田肴"牌托县豆腐由托克托县亚圣农副产品加工农民专业合作社荣誉出品。该合作社西南紧邻黄河，正南与山西省相邻；属于温带大陆性气候，四季分明。"田肴托县酸浆豆腐"生产基地正处于其中心地带，独特的地理条件造就了"田肴托县酸浆豆腐"独特的地方风味。

5. 储藏方法

储藏方法：常温或冷藏，建议冷藏储存。

市场销售采购信息

托克托县亚圣农副产品加工农民专业合作社　联系人：孟田　联系电话：15124700472

（二）托克托县"辣椒粉"

证书编号：LB-56-23050507155A

1. 营养指标（表2）

表2 托克托县"辣椒粉"品质主要指标

参数	蛋白质（g/100 g）	脂肪（g/100 g）	能量（kJ/100 g）	碳水化合物（g/100 g）	钠（mg/100 g）
测定值	13.0	3.8	1618	73.9	33
参考值	22.0	6.0	19	25.0	2

2. 产品外在特征及独特品质特征评价鉴定

托县灯笼红辣椒颜色鲜艳、果肉肥厚，具有香而不辣的独特口味，在托县本地及周边地区小有名气主要生产传统的辣椒油面酱系列产品，并在2010年获得了国家地理标志证明商标。托县红辣椒种植面积约为3 100亩，主要包括本地传统的"灯笼红"、托克托辣椒2号、千斤红等品种。其中，"灯笼红"辣椒亩产大概在2 500 kg。

3. 评价鉴定依据

《绿色食品 辣椒制品》（NY/T 1711—2020）、《绿色食品 食品添加剂使用准则》、《绿色食品 农药使用准则》（NY/T 393—2020）、《绿色食品 标志许可审查程序》、《绿色食品 产地环境质量》、《绿色食品 产地环境调查、检测与评价规范》。

4. 产地概况

托县灯笼红辣椒种植历史悠久，因此在种植资源和培育技术上具有一定的优势，并获得了国家地理标志商标。其风味独特，果肉中含糖量和含油量比较高，托县一溜湾所产的"灯笼红"辣椒，色泽鲜艳，皮厚肉多，含水量低，糖分和含油量高，富含维生素C、维生素A，香而微辣的十大特点而著名。其"香而不辣"的特点使其区别于其他辣椒品种，深受不喜辣或喜微辣的消费群体的喜爱，同时实现了差异化优势。深受北方人的青睐，在呼包、鄂及京、津、唐等享有美誉。

5. 环境优势

托克托县位于自治区中部，大青山南麓、黄河上中游分界处北岸的土默川平原上，北依阴山，南临黄河，属于温带大陆性气候，四季分明。"一溜弯"牌辣椒粉由托克托县一溜湾红辣椒种植专业合作社荣誉出品。一溜湾地处黄河中上游分界线拐弯处，是丘陵与平原交界地带，全县平均海拔高度为1 000 m，年平均气温7.1℃，年平均风速2.3 m/s，年平均降水量为357 mm，年平均无霜期126 d，属向阳坡，光照充足，土壤肥沃，无霜期长，形成了独特的小气候，在这样的环境条件下，生产出的农产品具有感病轻，无污染的特点。

6. 储藏和食用方法

常温或冷藏，托县炖鱼、托县粉汤、制作火锅底料等。

市场销售采购信息

托克托县—溜湾红辣椒专业合作社　　联系人：崔利军　　联系电话：13754099898

（三）托克托县"葡萄"

证书编号：LB-18-23070510566A

1. 营养指标（表3）

表 3　托克托县"葡萄"品质主要指标

参数	总糖（g/100 g）	硒（μg/100 g）	维生素 C（mg/100 g）	可溶性固形物（%）	谷氨酸 + 天冬氨酸（鲜味氨基酸）（mg/100 g）
测定值	14.40	0.26	4.5	17.50	87.4
参考值	8.24	0.11	4.0	13.34	66.0

2. 产品外在特征及独特品质特征评价鉴定

托克托县"葡萄"果实圆形，色泽红润，皮薄浆厚，口感甜，产量高，抗逆性强，还有一种独特的香味，产品享誉内蒙古呼和浩特市、包头市、鄂尔多斯市，以及山西省、陕西省。

3. 评价鉴定依据

《绿色食品　温带水果》（NY/T 844—2017）、《绿色食品　食品添加剂使用准则》、《绿色食品　农药使用准则》、《绿色食品　标志许可审查程序》、《绿色食品　产地环境质量》（NY/T 391—2021）、《绿色食品　产地环境调查、检测与评价规范》。

4. 产地概况

托克托县葡苑农副产品加工专业合作社成立于 2018 年，该公司位于土默川平原，黄河岸边具有独特小气候的托克托县黄河湿地管护中心，主要从事农作物种植、葡萄种植销售等工作。2020 年 10 月被评为呼和浩特市重点龙头企业、市级示范合作社。2023 年 5 月经中国绿色食品发展中心审核，公司生产的葡萄符合绿色食品 A 级标准，被认定为绿色食品 A 级产品，许可使用绿色食品标志。

5. 环境优势

托克托县葡萄产于黄河上中游分界处北岸的土默川平原上，县境东南部为蛮汉山系的边缘，该地区独特"小气候"。在这种独特"小气候"环境条件下生产的农产品具有感病轻、无污染、富含蛋白质、膳食纤维、多种维生素和矿质元素等特点，只有达到这样的地域环境条件，才可生产出独具特色的皮薄味甜的托克托县"葡萄"。

6. 储藏和食用方法

常温或冷藏，建议冷藏储存。清洗后可直接食用。

市场销售采购信息

托克托县葡苑农副产品加工专业合作社　联系人：秦建　联系电话：13514711588

二

全国名特优新农产品名录收集登录产品

（一）托县香瓜

证书编号：CAQS-MTYX-20190129

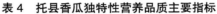

1. 营养指标（表 4）

表 4　托县香瓜独特性营养品质主要指标

参数	可溶性固形物（%）	维生素 C（mg/100 g）	总酸（以柠檬酸计）（%）	天冬氨酸（mg/100 g）	钾（mg/100 g）
测定值	12.2	42.1	0.168	52	296
参照值	9.0	15.0	2.000	41	139

2. 产品外在特征及独特营养品质特征评价鉴定

托县香瓜主要生长在托克托县区域范围内，平均单个重约 410 g，果形端正，果皮平滑，果皮底色黄中泛白且覆有浅绿色点状条带，皮薄肉厚，果肉为白色，口感甜脆，香味较浓。内在品质维生素 C、可溶性固形物、天冬氨酸、钾均高于参考值，总酸优于参考值。

3. 评价鉴定依据

《中国食物成分表》（第六版第一册）、《绿色食品西甜瓜》（NY/T 427—2016）。

市场销售采购信息

呼和浩特市嘉丰农业科技有限公司　联系人：李海　联系电话：15904888332
托克托县兴祥盛种养殖农民专业合作社　联系人：金玉龙　联系电话：15804713518

（二）托县稻田蟹

证书编号：CAQS-MTYX-20190130

1. 营养指标（表5）

表5　托县稻田蟹独特性营养品质主要指标

参数	脂肪含量（%）	钙（mg/100 g）	必需氨基酸占总氨基酸比例（%）	多不饱和脂肪酸占总脂肪酸百分比（%）	赖氨酸（mg/100 g）
测定值	7.3	154	39.90	26.07	720.0
参照值	2.6	126	32.39	22.22	183.3

2. 产品外在特征及独特营养品质特征评价鉴定

托县稻田蟹背甲壳呈青灰色，有光泽，脐部圆润；肢体连接牢固呈弯曲形状，活动敏捷，活力强劲；蒸食蟹肉肉质细嫩，入口鲜甜，蟹黄沙糯醇厚。该产品在托克托县范围内，在其独特的生长环境下，内在品质脂肪、必需氨基酸占总氨基酸比例、赖氨酸、钙、多不饱和脂肪酸占总脂肪酸百分比均高于参考值。

3. 评价鉴定依据

《中国食物成分表》（第六版第二册）、《不同湖泊养殖中华绒螯蟹脂肪酸组成比较分析》、《中华绒螯蟹主要呈味成分研究》、《锯缘青蟹营养成分分析》。

🛒 市场销售采购信息

托克托美源现代渔业生态观光科技有限公司　　联系人：张有恒　　联系电话：13948197972

（三）托县黄河鲤鱼

证书编号：CAQS-MTYX-20190131

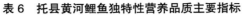

1. 营养指标（表6）

表6 托县黄河鲤鱼独特性营养品质主要指标

参数	脂肪（g/100 g）	鲜味氨基酸占总氨基酸比例（%）	酪氨酸（%）	赖氨酸（%）	亚油酸（占总脂肪酸）（%）
测定值	0.5	27.09	0.650	1.700	20.32
参照值	4.1	23.36	0.342	0.675	14.20

2. 产品外在特征及独特营养品质特征评价鉴定

托县黄河鲤鱼生活在托克托县范围内，在其独特的生长环境下，个体重约2 kg，鱼体呈褐色，肉质紧实，有弹性；鱼鳞颜色为金色，其鳞片紧密，有光泽。清炖后肉质鲜嫩，味道鲜美。内在品质赖氨酸、酪氨酸、鲜味氨基酸占总氨基酸、亚油酸（占总脂肪酸）、不饱和脂肪酸占总脂肪酸百分比均高于参考值，脂肪优于参考值。

3. 评价鉴定依据

《中国食物成分表》（第六版第二册）。

市场销售采购信息

托克托县银秀渔业养殖场　联系人：曹三　联系电话：13474710469
托克托美源现代渔业生态观光科技有限公司　联系人：李广珍　联系电话：13847136268
托克托县金旺养殖有限公司　联系人：任文忠　联系电话：15847773499
托克托县召湾黄河鱼养殖家庭农牧场　联系人：赵福明　联系电话：15248136866
托克托县大正种养殖农民专业合作社　联系人：王焕生　联系电话：13847130312
托克托县波尔水产养殖家庭牧场　联系人：武雨在　联系电话：13848159049

（四）托县小麦粉

证书编号：CAQS-MTYX-20190132

1. 营养指标（表7）

表 7　托县小麦粉独特性营养品质主要指标

参数	蛋白质（g/100 g）	赖氨酸（mg/100 g）	缬氨酸（mg/100 g）	锌（mg/100 g）	铁（mg/100 g）
测定值	12.5	270	520	1.33	2.12
参照值	12.4	271	510	0.69	1.40

2. 产品外在特征及独特营养品质特征评价鉴定

托县小麦粉色泽白净，颗粒度小，筋度大；其小麦颗粒呈卵形，籽粒腹沟较深，冠毛较多，颗粒饱满、粒质坚硬，粒色为红色。内在品质蛋白质、缬氨酸、铁、锌均优于参考值。

3. 评价鉴定依据

中国食物成分表（第六版第一册）、国家农作物种质资源平台国家作物科学数据中心《小麦种质资源描述规范》、《不同面筋含量小麦淀粉及蛋白质特性分析》。

🛒 市场销售采购信息

托克托县民强种养殖农民专业合作社　联系人：李跃强　联系电话：15849385339
托克托美源现代渔业生态观光科技有限公司　联系人：张有恒　联系电话：13948197972

（五）托县番茄

证书编号：CAQS-MTYX-20190248

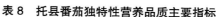

1.营养指标（表8）

表8 托县番茄独特性营养品质主要指标

参数	维生素 C（mg/100 g）	番茄红素（mg/100 g）	可溶性固形物（%）	硒（μg/100 g）	总酸（g/100 g）
测定值	24.0	112	5.8	0.70	0.457
参照值	14	21.32	4.88	0.20	0.476

2.产品外在特征及独特营养品质特征评价鉴定

该产品在托克托县域范围内，在其独特的生长环境下，果形为扁圆，单果重约160 g，果色为红色，果顶形状圆平，果肩形状微凹，果实横切面为圆形，果肉颜色为红色，胎座胶状物质颜色为红色，肉质口感沙，风味甜，有清香味。内在品质维生素C、可溶性固形物、番茄红素、硒均高于参考值，总酸优于参考值。

3.评价鉴定依据

中国食物成分表（第六版第一册）、《影响番茄可溶性固形物含量的相关因素研究》、《改良型植物营养剂对番茄果实中番茄红素含量的影响》。

市场销售采购信息

呼和浩特市嘉丰农业科技有限公司　联系人：李海　联系电话：15904888332
呼和浩特市富兴劳务服务有限公司　联系人：金玉龙　联系电话：15804713518

（六）托县大米

证书编号：CAQS-MTYX-20190249

1. 营养指标（表9）

表9　托县大米独特性营养品质主要指标

参数	蛋白质（%）	直链淀粉（%）	碱消值（级）	胶稠度（mm）
测定值	7.62	19.9	6.2	91
参照值	7.20	13.0～20.0	≥6.0	≥80

2. 产品外在特征及独特营养品质特征评价鉴定

托县大米在其独特的生长环境下，米粒呈半纺锤形，百粒重约 1.04 g，米粒表面光滑，晶莹油亮，有光泽，质地坚韧，洁净度好，米饭口感软糯，香气浓郁。具有内在品质蛋白质、胶稠度、碱消值高于参考值，直链淀粉符合优质粳米范围。

3. 评价鉴定依据

《中国食物成分表》（第六版第一册）、《大米胶稠度测定的影响因素研究》、《大米》（GB/T 1354—2018）。

🛒 市场销售采购信息

托克托县托米种植专业合作社　联系人：李四军　联系电话：15556188999
托克托美源现代渔业生态观光科技有限公司　联系人：李广河　联系电话：13947108810

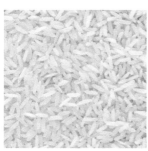

（七）托县辣椒

证书编号：CAQS-MTYX-20200170

1. 营养指标（表 10）

表 10　托县辣椒独特性营养品质主要指标

参数	维生素 C（mg/100 g）	可溶性糖（%）	钾（mg/100 g）	硒（μg/100 g）	β- 胡萝卜素（μg/100 g）
测定值	118.8	4.07	391	2.3	722
参照值	86.0	1.66	154	1.7	352

2. 产品外在特征及独特营养品质特征评价鉴定

托县辣椒在托克托县范围内，在其独特的生长环境下，外观颜色为绿色，呈羊角状，油亮光洁，外形纤细修长，长 20～25 cm，自带鲜辣椒特有的辛辣味，口感鲜嫩，辣味适中的特性，内在品质维生素 C、可溶性糖、钾、硒、β- 胡萝卜素均高于参考值。

3. 评价鉴定依据

《中国食物成分表》（第六版第一册）、《辣椒等级规格》（NY/T 944—2006）、《尖椒长期贮藏的研究》、《不同朝天椒品种资源营养品质分析》。

市场销售采购信息

托克托县一溜湾辣椒专业合作社　　联系人：崔利军　　联系电话：13754099898
托克托县绿鑫蔬菜种植养殖专业合作社　　联系人：赫开旺　　联系电话：15690992444

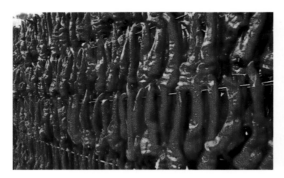

（八）托县猪肉

证书编号：CAQS-MTYX-20200171

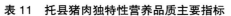

1. 营养指标（表 11）

表 11　托县猪肉独特性营养品质主要指标

参数	蛋白质（%）	亚油酸/总脂肪酸（%）	天冬氨酸（mg/100 g）	胆固醇（mg/100 g）	维生素 A（μg/100 g）	硒（μg/100 g）
测定值	23.57	10.7	2 080	39.8	20.8	15.0
参照值	20.30	4.3	1 850	81.0	15.0	7.9

2. 产品外在特征及独特营养品质特征评价鉴定

托县猪肉在托克托县范围内，在其独特的生长环境下，样品为生鲜肉，其肌肉为鲜红色，光泽好，其肉质紧密坚实，弹性好，纹理致密，外表及切面湿润，不粘手，煮食肉质细嫩，肥而不腻，肉香味美，汤色澄清的特性，内在品质蛋白质、天冬氨酸、亚油酸/总脂肪酸、维生素 A、硒均高于参考值，胆固醇优于参考值。

3. 评价鉴定依据

《中国食物成分表》（第六版第二册）、《鲜、冻猪肉及猪副产品第 1 部分：片猪肉》（GB/T 9959.1—2019）、《冷却猪肉》（NY/T 632—2002）、《猪肉等级规格》（NY/T 1759—2009）。

市场销售采购信息

托克托县兴誉种养殖专业合作社　联系人：李建明　联系电话：18548171321

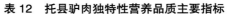

（九）托县驴肉

证书编号：CAQS-MTYX-20200172

1. 营养指标（表 12）

表 12　托县驴肉独特性营养品质主要指标

参数	胆固醇（mg/100 g）	亚油酸 / 总脂肪酸（%）	谷氨酸（mg/100 g）	硒（μg/100 g）	天冬氨酸（mg/100 g）
测定值	58.6	19.8	3 530	6.60	1 980
参照值	74	14.6	2 496	6.10	1 633

2. 产品外在特征及独特营养品质特征评价鉴定

托县驴肉在托克托县范围内，在其独特的生长环境下，样品为新鲜肉样，肌肉为鲜红色，有光泽，其肉质紧密坚实，弹性好，纹理致密，外表及切面湿润，不粘手，煮食肉质细嫩，肥而不腻，肉香味美，汤色澄清的特性，内在品质亚油酸 / 总脂肪酸、硒、谷氨酸、天冬氨酸均高于参考值，胆固醇优于参考值。

3. 评价鉴定依据

《中国食物成分表》（第六版第二册）、《关中驴》（GB/T 6940—2008）、《保店驴肉》（T/NJNF 01—2023）。

市场销售采购信息

托克托县绿纯养殖专业合作社　联系人：任文忠　联系电话：15847773499

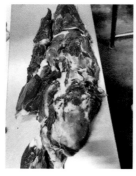

（十）托县辣椒酱

证书编号：CAQS-MTYX-20210237

1. 营养指标（表 13）

表 13　托县辣椒酱独特性营养品质指标

参数	氯化钠（%）	可溶性糖（%）	钾（mg/100 g）	锌（mg/100）	蛋白质（%）
测定值	1.16	3.05	1 080.0	1.56	2.32
参照值	≤17	2.66	1 057.3	0.65	1.65

2. 产品外在特征及独特营养品质特征评价鉴定

托县辣椒酱为瓶装辣椒酱，净含量为 188 g，内容物为辣椒和辣椒油，酱颜色鲜红，有很浓的辣椒油香味的特性，内在品质蛋白质、可溶性糖、钾、锌均高于参考值，氯化钠优于参考值。

3. 评价鉴定依据

《辣椒酱》（NY/T 1070—2006）、《原子吸收光谱法测定辣椒及辣椒食品中的微量元素》、《辣椒援中辣椒熟的测定方法》、《干辣椒品种果实品质的灰色关联评估及相关分析》。

三 市场销售采购信息

托克托县一溜湾红辣椒专业合作社　联系人：崔利军　联系电话：13754099898
托克托县毅香味种植农民专业合作社　联系人：王亚军　联系电话：13214069000

（十一）托县葡萄

证书编号：CAQS-MTYX-20230774

1. 营养指标（表 14）

表 14　托县葡萄独特性营养品质主要指标

参数	可溶性固形物（%）	维生素 C（mg/100 g）	硒（μg/100 g）	总糖（g/100 g）	谷氨酸＋天冬氨酸（鲜味氨基酸）（mg/100 g）
测定值	17.60	4.6	0.27	14.50	87.5
参照值	13.34	4.0	0.11	8.24	66.0

2. 产品外在特征及独特营养品质特征评价鉴定

托县葡萄在托克托县范围内，在其独特的生长环境下，具有果穗整齐，果粒着生紧密，果皮紫红色，肉质柔软，汁液丰富，口感香甜的特性，内在品可溶性固形物、维生素 C、谷氨酸＋天冬氨酸（鲜味氨基酸）、硒、总糖均高于参考值。

3. 评价鉴定依据

《中国食物成分表》（第六版第一册）、《48 个葡萄品种果实大小粒性状调查及差异分析》、《不同贮藏方式对 5 种水果中维生素 C 和总糖含量的影响》、《'阳光玫瑰'葡萄果实质量分级评价研究》。

市场销售采购信息

托克托县葡苑农副产品加工专业合作社　联系人：秦建　联系电话：13514711588
托克托县郝家圪蔬菜基地专业合作社　联系人：刘有有　联系电话：13624815488

03 和林格尔县篇

　　和林格尔县，位于内蒙古自治区中南部，隶属于内蒙古自治区呼和浩特市辖县，位于内蒙古自治区中南部、呼和浩特市东南部，地处晋蒙交界区、呼包鄂"金三角"腹地。北与呼和浩特市、土默特左旗相连，西与托克托县毗邻，南与清水河县交界；东与乌兰察布市凉城县、山西省右玉县接壤。属内蒙古高原向黄土高原的过渡地带，地形地貌多样，山、丘、川兼备，素有"五丘三山二分川"之说，东南部为蛮汉山支脉，中南部是黄土丘陵区，西北部属土默川平原的边缘。总体地形呈现东高西低、南高北低的态势，海拔高度为 1 016—2 031 m。和林格尔新区、和林格尔乳业开发区位于辖区内，全县总面积 3 448 km²，辖 4 乡 4 镇 1 个经济开发区，150 个行政村，全县户籍人口 20.19 万人，其中乡村人口 16.02 万人。

　　和林格尔县不仅是"呼包鄂经济圈"腹地，还是"中国乳都"的核心区域。近年来，和林格尔县紧扣"奶牛、羊、生猪、草、菜"五大产业化基地建设，在家畜种业和蔬菜种业产业化方面补齐短板，突破育种关键技术，摆脱"卡脖子"局面，呈比翼齐飞之势，为和林格尔县高质量发展注入新动能。

一

绿色食品认证产品

（一）和林格尔县"久鼎亚麻籽油"

证书编号：LB-10-20110510655A　　LB-10-20110510666A

1. 营养指标（表1）

表1　和林格尔县久鼎亚麻籽油营养品质主要指标

参数	蛋白质（g/100 g）	脂肪（g/100 g）	饱和脂肪酸（g/100 g）	单不饱和脂肪酸（g/100 g）	多不饱和脂肪酸（g/100 g）	维生素E（mg/100 g）
测定值	0	100	8.50	23.10	68.40	19.60
参照值	19.1	100	8.73	18.76	15.76	12.93

2. 产品外在特征及独特营养品质特征评价鉴定

胡麻又名为亚麻，其叶片为卵形或者矩圆形，花朵呈现紫色，且花期在每年的夏末秋初，胡麻籽红褐色扁卵圆形果实，外形似芝麻，耐寒，怕高温有极强的坚果风味，是 ω-3 脂肪酸的来源，ω-3 脂肪酸在胡麻籽发现为 α- 亚麻酸，或 ALA。和林格尔县胡麻籽颗粒饱满，亚麻酸含量大于 52%。由于生产工艺不同，胡麻籽油又分为热榨与冷榨两种。商家为了区分冷榨和热榨的区别，将冷榨的称为亚麻籽油，热榨的称为胡麻油。

3. 评价鉴定依据

明代医学大家李时珍在《本草纲目》中提到：服食亚麻百日，能除一切痼疾；服食亚麻一年，身面光洁不疾；服食亚麻二年，白发返黑；服食亚麻三年，落齿更生；服食亚麻四年，水火不能相害；服食亚麻五年，行及奔马；久食则明目洞视，肠柔如筋，可长生久视，令人不老。

4. 环境优势

亚麻籽（Linseed）在人类历史中已存在 5 000 多年，它属于种籽类，生长于世界各地，但以严寒地带出产的方为上品。和林格尔县的东南部及中南部海拔高度为 1 016—2 031 m，昼夜温差大，日照时间达到 10 h 以上，具有优异的成长环境。

5. 收获时间及储藏方法

收获时间为每年 9 月左右。

储藏方法：常温、通风、干燥、避光。

市场销售采购信息

内蒙古久鼎食品有限公司　联系人：云峰　联系电话：15248122296

（二）和林格尔县"绿野火龙果"

证书编号：LB-18-22060519289A

1. 营养指标（表 2）

表 2 和林格尔县绿野火龙果独特性营养品质主要指标

参数	蛋白质 （g/100 g）	脂肪 （g/100 g）	烟酸 （mg/100 g）	碳水化合物 （g/100 g）	膳食纤维 （g/100 g）	维生素 C （mg/100 g）
测定值	1.1	0.48	0.4	3.60	2.2	20
参照值	0.8	0.20	0.4	3.52	0.5	7

2. 产品外在特征及独特营养品质特征评价鉴定

和林格尔县绿野基地种植的火龙果直径 10～12 cm，比市场销售的火龙果外观红色偏深一些，绿色圆角三角形的叶状体偏小且薄，果肉更红，种子小而黑，具有一般植物少有的植物性白蛋白以及花青素，丰富的维生素和水溶性膳食纤维，绿野基地火龙果全部在自然状态下成熟，味甜，多汁，果实偏圆形质地温和，口味清香。

3. 评价鉴定依据

《火龙果种质资源果实营养品质分析》、《21 世纪保健食品——火龙果》、《火龙果温室栽培技术》。

4. 环境优势

绿野基地位于和林格尔县城关镇樊家夭村，属于樊家夭盆地，地势平坦、气候温和、光照充足，产地距离公路、铁路、生活区 200 m 以上，周边无工矿企业，基地建有反季节生产的厚墙体日光温室 200 栋，配套 5 600 m² 现代化育苗中心 1 座、2 000 m² 保鲜库 1 座，可满足植株生长环境条件确保产量稳定，实现反季节跨区域水果在本地区自然成熟直接供应给消费者。

5. 收获时间及储藏方法

收获时间：每年 7 月 10 日至 12 月 20 日。

储藏保鲜：8～10℃储存。

 市场销售采购信息

内蒙古绿野农牧业发展有限公司　联系人：王伟超　联系电话：15248151616

（三）和林格尔县"绿野沃柑"

证书编号：LB-18-22060519290A

1. 营养指标（表3）

表 3　和林格尔县绿野沃柑独特性营养品质主要指标

参数	蛋白质 （g/100 g）	脂肪 （g/100 g）	维生素 A （mg/100 g）	碳水化合物 （g/100 g）	维生素 C （mg/100 g）
测定值	0.6	0.1	0.32	10.3	0.65
参照值	0.6	0.2	0.30	10.3	0.60

2. 产品外在特征及独特营养品质特征评价鉴定

和林格尔县绿野基地种植的沃柑果面呈橙红色，果皮光滑，油胞细密，果顶闭合，近果柄处的果面稍凹，单果重 110～230 g，果皮包着紧但容易与囊瓣剥离，果肉橙红色，汁胞小而短，囊壁薄，果肉细嫩。绿野基地种植的沃柑高糖低酸，平均甜度可达 13 度以上，吃起来味道是清甜。糖酸比为 25：1，吃起来基本上感觉不到酸度，有一种非常肉脆清甜的感觉。

3. 评价鉴定依据

《不同气候区沃柑果实产量和品质比较研究》《2018 年网棚栽培沃柑生物学特性评价及日灼防控研究》《我国主要杂柑品种的营养功能成分评价以及产地差异研究》。

4. 环境优势

绿野基地位于和林格尔县城关镇樊家夭村，属于樊家夭盆地，地势平坦、气候温和、光照充足，产地距离公路、铁路、生活区 200 m 以上，周边无工矿企业，基地建有反季节生产的厚墙体日光温室 200 栋，配套 5 600 m² 现代化育苗中心 1 座、2 000 m² 保鲜库 1 座，可满足植株生长环境条件确保产量稳定，实现反季节跨区域水果在本地区自然成熟直接供应给消费者。

5. 收获时间及储藏方法

收获时间：每年 3 月 1 日至 4 月 30 日。
储藏保鲜：8～10℃储存。

🛒 市场销售采购信息

内蒙古绿野农牧业发展有限公司　联系人：王伟超　联系电话：15248151616

（四）和林格尔县"宇航人沙棘"

证书编号：LB-40-22070510171A   LB-41-22070510171A

1. 营养指标（表4）

表4　和林格尔县宇航人沙棘原浆营养品质主要指标

参数	蛋白质（g/100 g）	脂肪（g/100 g）	碳水化合物（g/100 g）	维生素C（mg/100 g）	钾（mg/100 g）	钠（mg/100 g）
测定值	0.7	1.5	20.2	260	151	50
参照值	0.9	1.8	25.5	204	259	28

2. 产品外在特征及独特营养品质特征评价鉴定

和林格尔县沙棘主产区位于东摩天岭山区的南天门，南天门属于阴山山脉支脉蛮汉山系，海拔约2 028米，远离城市生活区生长环境天然无污染。沙棘果当地人叫酸刺，一种小浆果植物，落叶灌木，是目前世界上含有天然维生素种类最多的珍贵经济林树种，其维生素C的含量远远高于鲜枣和猕猴桃，从而被誉为天然维生素的宝库。沙棘具有很高的营养价值、生态价值和经济价值，尤其是在"三北"防护林建设中具有重要的作用，同时具有药用价值。

3. 评价鉴定依据

《中药材》1987年04期沙棘（*Hippophae rhamnoides* L.）为胡颓子科（Elaeagnaceae）植物，别名醋柳、酸刺。其果实为藏族、蒙古族和维吾尔族的常用药，唐代《四部医典》等历代藏、蒙医药文献均有记载，有较久的药用历史。其功能祛痰止咳、消食化滞、活血散瘀。用于咳嗽痰多、肺脓肿、慢性支气管炎、胸闷、消化不良、胃痛、跌打瘀肿、闭经等症。近年来，国内学者在药理和临床方面对沙棘果进行了大量的研究工作。在资源开发、食品工业、制药工业及医疗保健等方面越来越受重视。

4. 产地概况

和林格尔沙棘主产区位于和林格尔县东南部的东摩天岭山区南天门，南天门属于阴山山脉支脉蛮汉山系，海拔约2 028 m，森林覆盖率高达79.4%，林木蓄积量超过20万 m³，油松、樟子松、柠条、沙棘、山榆白杨满山遍野。

5. 环境优势

和林格尔沙棘主产区在东摩天岭属于国家自然保护区，收录于中国自然保护区名录，编号：蒙05，保护区名称：东西摩天岭，行政区域和林格尔县，总面积3 000 m²。这里的沙棘生长在海拔1 800 m以上生态多样性自然环境中，空气清新、气候宜人、日照充足、水土纯净、土质优良、人口稀少、没有农药化肥和工业等污染。

6. 收获时间及储藏方法

和林格尔沙棘主要在9月下旬至10中旬采收，由于地理原因主要靠人工剪小枝采摘，宇航人公司对新采摘下的沙棘品相进行把控并收购，使用先进的生产工艺、严格的过程控制体系、库存管理体系、最后出厂检验合格后销售，成品可满足不同消费者需求，可常温保存，同时有完善的售后服务。

市场销售采购信息

内蒙古宇航人生物工程技术有限公司　联系人：李永宏　联系电话：13704711177

二

全国名特优新农产品名录收集登录产品

（一）和林燕麦

证书编号：CAQS-MTYX-20200173

1. 营养指标（表 5）

表 5 　和林燕麦独特性营养品质主要指标

参数	总淀粉（%）	维生素 B_1（mg/100 g）	维生素 B_2（mg/100 g）	β 葡聚糖（%）	赖氨酸（mg/100 g）	蛋白质（%）
测定值	68.70	0.59	0.18	5.24	570	14.3
参照值	60.14	0.46	0.07	3.58	501	10.1

2. 产品外在特征及独特营养品质特征评价鉴定

和林燕麦在和林格尔县范围内，在其独特的生长环境下，外皮呈淡黄色长纺锤形，体型较大，百粒重约 2.42 g，颗粒饱满，粒型均匀、完整，具有燕麦特有气味，味微甜的特性，内在品质具有蛋白质、总淀粉、赖氨酸、维生素 B_1 含量高，且 β 葡聚糖、维生素 B_2 高于参考值的特点。

3. 评价鉴定依据

《中国食物成分表》（第六版第一册）、《燕麦米》（LS/T 3260—2019）、《藜麦及其他谷物的常规营养成分测定》、《不同裸燕麦品种的淀粉特性》、《燕麦的营养成分与保健功效》。

市场销售采购信息

内蒙古万利福生物科技有限公司　联系人：于海萍　联系电话：13384873000
和林格尔县昆都仑绿色粮油产销农民专业合作社　联系人：陈吉尔格拉　联系电话：15184739985

（二）和林亚麻籽油

证书编号：CAQS-MTYX-20200174

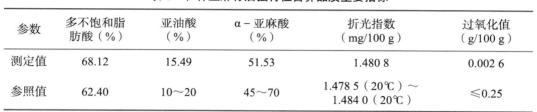

1. 营养指标（表6）

表6 和林亚麻籽油独特性营养品质主要指标

参数	多不饱和脂肪酸（%）	亚油酸（%）	α-亚麻酸（%）	折光指数（mg/100 g）	过氧化值（g/100 g）
测定值	68.12	15.49	51.53	1.480 8	0.002 6
参照值	62.40	10～20	45～70	1.478 5（20℃）～1.484 0（20℃）	≤0.25

2. 产品外在特征及独特营养品质特征评价鉴定

和林亚麻籽油在和林格尔县范围内，在其独特的生产环境下，外观呈金黄色，其色泽光亮，澄清无杂质，气味浓香，滋味纯正，具有亚麻籽油固有的气味和滋味，内在品质亚油酸、α-亚麻酸、折光系数满足标准范围要求，多不饱和脂肪酸高于参考值，过氧化值优于参考值。

3. 评价鉴定依据

《中国食物成分表》（第六版第二册）、《亚麻籽油》（GB/T 8235—2019）、《亚麻籽油的营养成分及功效机制研究进展》。

市场销售采购信息

内蒙古万利福生物科技有限公司 联系人：于海萍 联系电话：13384873000
内蒙古益善园生物科技有限责任公司 联系人：刘宁 联系电话：18686088960
内蒙古久鼎食品有限公司 联系人：张瑞华 联系电话：15947617295

（三）和林亚麻籽

证书编号：CAQS-MTYX-20200470

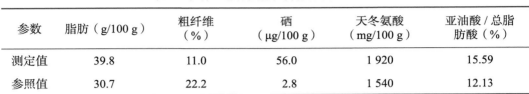

1. 营养指标（表7）

表7 和林亚麻籽独特性营养品质主要指标

参数	脂肪（g/100 g）	粗纤维（%）	硒（μg/100 g）	天冬氨酸（mg/100 g）	亚油酸/总脂肪酸（%）
测定值	39.8	11.0	56.0	1 920	15.59
参照值	30.7	22.2	2.8	1 540	12.13

2. 产品外在特征及独特营养品质特征评价鉴定

和林亚麻籽在和林格尔县范围内，在其独特的生长环境下，呈扁椭圆形，千粒重约 6.0 g，颜色为棕黄色，其大小均匀有光泽，油香可口，滋味纯正的特性，内在品质脂肪、亚油酸/总脂肪酸、天冬氨酸、硒均高于参考值，粗纤维优于参考值。

3. 评价鉴定依据

《中国食物成分表》（第六版第一册）、《张掖市富硒带不同农作物营养成分分析》。

🛒 市场销售采购信息

内蒙古万利福生物科技有限公司　联系人：于海萍　联系电话：13384873000
内蒙古久鼎食品有限公司　联系人：张瑞华　联系电话：15947617295
内蒙古益善园生物科技有限责任公司　联系人：刘宁　联系电话：18686088960
内蒙古味源味特香食品有限公司　联系人：邬玉维　联系电话：13514813179

（四）和林黄芪

证书编号：CAQS-MTYX-20210563

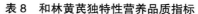

1. 营养指标（表 8）

表 8　和林黄芪独特性营养品质指标

参数	水分（%）	灰分（%）	黄芪甲苷（%）	毛蕊异黄酮葡萄糖苷（%）	水溶性浸出物（%）
测定值	6.8	2.8	0.10	0.021	32.3
参照值	≤10.0	≤5.0	≥0.080	≥0.020	≥17.0

2. 产品外在特征及独特营养品质特征评价鉴定

和林黄芪生长在和林格尔县范围内，其为片状，直径约 0.8 cm，表面呈淡黄色，断面外层为白色，中部为淡黄色，有放射状纹理，味甘，有生豆气。内在品质水分、灰分优于参考值，满足药典要求；水溶性浸出物、毛蕊异黄酮葡萄糖苷、黄芪甲苷高于参考值，满足药典要求。

3. 评价鉴定依据

《中华人民共和国药典》（2020 年版第一部）。

⊟ **市场销售采购信息**

内蒙古盛齐堂生态药植有限公司　联系人：张斌　联系电话：18504718665

（五）和林马铃薯淀粉

证书编号：CAQS-MTYX-20210564

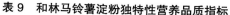

1. 营养指标（表 9）

表 9　和林马铃薯淀粉独特性营养品质指标

参数	水分（%）	灰分（%）	蛋白质（%）	pH 值	电导率（uS/cm）
测定值	16.8	0.23%	0.13	6.71	78
参照值	≤20.0	≤0.30	≤0.15	6.0～8.0	≤100

2. 产品外在特征及独特营养品质特征评价鉴定

和林马铃薯淀粉其色泽洁白，带结晶光泽，颗粒度小。内在品质水分、灰分、电导率均优于参考值，满足优级标准要求，蛋白质满足一级标准要求，pH 值满足标准范围要求。

3. 评价鉴定依据

《中国食物成分表》（第六版第一册）、《食用马铃薯淀粉》（GB/T 8884—2017）。

市场销售采购信息

内蒙古华欧淀粉工业股份有限公司　联系人：孟逸飞　联系电话：15024985228

（六）和林水晶粉丝

证书编号：CAQS-MTYX-20210565

1. 营养指标（表 10）

表 10　和林水晶粉丝独特性营养品质指标

参数	水分（%）	灰分（%）	总淀粉（%）	酸度（°T）	二氧化硫（mg/kg）
测定值	10.5	0.48	79.2	1.36	未检出
参照值	≤17.0	≤0.80	≥70.0	2.73	≤0.03

2. 产品外在特征及独特营养品质特征评价鉴定

和林水晶粉丝粗细均匀，粉丝长约 23 cm，直径约 0.2 cm，其色泽晶莹，带有光泽；粉丝柔韧，弹性良好，劲道滑爽。内在品质总淀粉高于参考值，水分、灰分均优于参考值，且酸度、二氧化硫优于参考值。

3. 评价鉴定依据

《中国食物成分表》（第六版第一册）、《粉条》（GB/T 23587—2009）、《食品安全国家标准食品添加剂使用标准》（GB 2760—2014）、《鲜湿米粉条保鲜及品质改良研究》。

🛒 市场销售采购信息

内蒙古华欧淀粉工业股份有限公司　联系人：孟逸飞　联系电话：15024985228

（七）和林鲜食玉米

证书编号：CAQS-MTYX-20210566

1. 营养指标（表 11）

表 11　和林鲜食玉米独特性营养品质指标

参数	蛋白质（%）	直链淀粉（%）	总淀粉（%）	硒（μg/100 g）	赖氨酸（mg/100 g）
测定值	4.9	1.1	18.20	2.00	170
参照值	4.0	≤3.0	15.45（鲜样）	1.63	82

2. 产品外在特征及独特营养品质特征评价鉴定

和林鲜食玉米，每根长约 18 cm，外观呈淡黄色，其颗粒完整、饱满，口感软糯、香甜，具有玉米固有的气味。其总淀粉、蛋白质高于参考值，直链淀粉优于参考值，满足二级标准，且硒、赖氨酸高于参考值。

3. 评价鉴定依据

《中国食物成分表》（第六版第一册）、《四个糯玉米品种加工后的品质比较》、《糯玉米》（GB/T 22326—2008）、《速冻甜玉米粒》（DB22/T 1806—2013）、《成熟度对渝甜糯玉米籽粒营养成分及色泽的影响》。

市场销售采购信息

和林格尔县盛丰玉米种植专业合作社　联系人：陈文斌　联系电话：15661021561
内蒙古大有生物肥业股份有限公司　联系人：郎宇飞　联系电话：15034783661

（八）和林沙棘果汁

证书编号：CAQS-MTYX-20210567

1. 营养指标（表 12）

表 12　和林沙棘果汁独特性营养品质指标

参数	总酸（以乙酸计）（g/L）	维生素 C（mg/100 g）	总糖（g/100 g）
测定值	2.38	48.2	7.4
参照值	≥2	40.0	3.9

2. 产品外在特征及独特营养品质特征评价鉴定

和林沙棘果汁为瓶装果汁，单瓶净含量为 300 mL，果汁颜色为橘黄色，味道酸甜爽口，具有沙棘果汁特有的香味，无分层，无涨瓶。内在品质维生素 C、总酸（以乙酸计）、总糖均高于参考值。

3. 评价鉴定依据

《食品安全地方标准沙棘果醋（饮料）》（DBS 63/0002—2017）、《沙棘果汁营养成分的分析》。

🛒 **市场销售采购信息**

内蒙古宇航人高技术产业有限责任公司　联系人：董久霞　联系电话：13684746914
内蒙古和林格尔县摩天岭沙棘饮料厂　联系人：张建春　联系电话：15848110135

（九）和林火龙果

证书编号：CAQS-MTYX-20210568

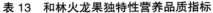

1. 营养指标（表 13）

表 13　和林火龙果独特性营养品质指标

参数	维生素 C（mg/100 g）	可溶性固形物（%）	可滴定酸（%）	可溶性糖（%）
测定值	10.8	12.20	0.15	8.42
参照值	3.0	11.42	0.19	6.53

2. 产品外在特征及独特营养品质特征评价鉴定

和林火龙果生长在和林格尔县范围内，起果实为近圆形，果实个大饱满，单果重约 591 g，外观呈玫红色，果皮颜色均匀，果肉为紫红色，果肉较紧实，肉间均匀分布黑芝麻状种子，果皮薄且易剥离，果肉鲜红、汁水多、味清香。内在品质维生素 C、可溶性固形物、可溶性糖均高于参考值，可滴定酸优于参考值。

3. 评价鉴定依据

《中国食物成分表》（第六版第一册）、《红肉火龙果与白肉火龙果的品质分析》、《红肉火龙果与白肉火龙果的品质分析》。

市场销售采购信息

内蒙古绿野农牧业发展有限公司　联系人：解旭涛　联系电话：15352872008
呼和浩特市塞外桃园生态发展有限公司　联系人：夏志强　联系电话：15661020648

（十）和林马铃薯

证书编号：CAQS-MTYX-20210569

1. 营养指标（表 14）

表 14　和林马铃薯独特性营养品质指标

参数	维生素 C（mg/100 g）	粗纤维（g/100 g）	锌（mg/100 g）	还原糖（以葡萄糖计）（g/100 g）	淀粉（%）
测定值	35.0	0.34	0.76	0.32	12.6
参照值	14.0	0.60	0.30	0.38	9.0～13.0

2. 产品外在特征及独特营养品质特征评价鉴定

和林马铃薯个头均匀，薯形好，单薯重约 125 g，外皮颜色为黄色，该马铃薯芽眼数量较少，芽眼较浅，外观新鲜，成熟度好；煮食时，香味四溢，口感沙而甜，风味独特。内在品质维生素 C、锌均高于参考值，粗纤维、还原糖优于参考值，淀粉符合参考范围。

3. 评价鉴定依据

《中国食物成分表》（第六版第一册）、《马铃薯营养特性及产业化发展的前景》、全国农产品地理标志产品"凉山州马铃薯"、中国地理标志产品"胶河土豆"。

🛒 市场销售采购信息

和林格尔县鑫兴农牧业专业合作社　　联系人：贺志斐　　联系电话：15847111808

（十一）和林鸡蛋

证书编号：CAQS-MTYX-20210570

1.营养指标（表15）

表15　和林鸡蛋独特性营养品质指标

参数	胆固醇 （mg/100 g）	卵磷脂 （%）	蛋氨酸 （mg/100 g）	多不饱和脂 肪酸（%）	硒 （μg/100 g）
测定值	336.9	6.19	410	1.10	20.00
参照值	648.0	3.67	327	0.50	13.96

2.产品外在特征及独特营养品质特征评价鉴定

和林鸡蛋蛋壳洁净，单颗重约60 g，呈规则卵圆形，蛋皮为白色，蛋白黏稠透明，蛋黄居中，轮廓清晰；煮熟后，蛋白光滑香嫩，弹性好，蛋黄颜色较深，口感细嫩香浓。内在品质卵磷脂、蛋氨酸、硒、多不饱和脂肪酸、亚油酸（占总脂肪酸）均高于参考值，胆固醇优于参考值。

3.评价鉴定依据

中国食物成分表（第六版第二册）、《不同品种蛋鸡的蛋品质及营养成分比较》、《鲜鸡蛋、鲜鸭蛋分级》（SB/T 10638—2011）。

市场销售采购信息

内蒙古卜蜂畜牧业有限公司　联系人：杨浩　联系电话：13238408130
盛谷原生态种养殖专业合作社　联系人：陈万青　联系电话：13134711242
内蒙古光彩裕华养殖有限公司　联系人：刘满仓　联系电话：15560902666
呼和浩特市塞外桃园生态发展有限公司　联系人：夏志强　联系电话：15661020648

（十二）和林鲤鱼

证书编号：CAQS-MTYX-20210571

1. 营养指标（表 16）

表 16　和林鲤鱼独特性营养品质指标

参数	脂肪（g/100 g）	蛋白质（%）	钙（mg/100 g）	鲜味氨基酸/总氨基酸（%）	亚油酸/总脂肪酸（%）
测定值	0.1	19.4	102.4	26.89	23.9
参照值	4.1	17.6	50.0	23.36	14.2

2. 产品外在特征及独特营养品质特征评价鉴定

和林鲤鱼个体重约 1.7 kg，体长约 34 cm；外表呈青灰色，鱼鳞颜色为金色，其鳞片紧密，有光泽，肉质紧实有弹性。内在品质钙、蛋白质、鲜味氨基酸/总氨基酸、亚油酸（占总脂肪酸）均高于参考值，且其低脂肪形成原因可能与和林鲤鱼口粮中碳水化合物较低有关。

3. 评价鉴定依据

《中国食物成分表》（第六版第二册）。

市场销售采购信息

呼和浩特园生养殖有限责任公司　联系人：裴艳维　联系电话：18698436518
内蒙古绿野农牧业发展有限公司　联系人：解旭涛　联系电话：15352872008
呼和浩特市塞外桃园生态发展有限公司　联系人：夏志强　联系电话：15661020648

（十三）和林猪肉

证书编号：CAQS-MTYX-20220620

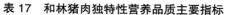

1. 营养指标（表 17）

表 17　和林猪肉独特性营养品质主要指标

参数	蛋白质（%）	胆固醇（mg/100 g）	亚油酸 / 总脂肪酸（%）	多不饱和脂肪酸占总脂肪酸百分比（%）	鲜味氨基酸占总氨基酸比例（%）
测定值	22.6	57.2	11.5	14.8	26.87
参照值	20.3	86	4.3	6.5	23.31

2. 产品外在特征及独特营养品质特征评价鉴定

和林猪肉在和林县域范围内，其肌肉为鲜红色，光泽好，脂肪为白色；其肉质紧密弹性好，纹理致密；外表及切面湿润，不粘手；煮食肉质细嫩，肥而不腻，肉香味美。在其独特的生长环境下，具有肉质紧密弹性好，纹理致密，外表及切面湿润，不粘手，煮食肉质细嫩，肥而不腻，肉香味美的感官特征。内在品质具有蛋白质、鲜味氨基酸、多不饱和脂肪酸、亚油酸含量高，胆固醇含量低等特点。

3. 评价鉴定依据

《中国食物成分表》（第六版第二册）、《鲜、冻猪肉及猪副产品第 1 部分：片猪肉》（GB/T 9959.1—2019）、《冷却猪肉》（NY/T 632—2002）、《猪肉等级规格》（NY/T 1759—2009）、《肉的食用品质客观评价方法》（NY/T 2793—2015）。

市场销售采购信息

内蒙古正大鸿业食品有限公司　联系人：徐小培　联系电话：15691071199

（十四）和林羊肉

证书编号：CAQS-MTYX-20220621

1. 营养指标（表 18）

表 18　和林羊肉独特性营养品质主要指标

参数	蛋白质（%）	剪切力（N）	胆固醇（mg/100 g）	不饱和脂肪酸占总脂肪酸百分比（%）	鲜味氨基酸占总氨基酸比例（%）
测定值	22.6	30.66	57.9	60.7	27.35
参照值	20.5	＜60.00	82.0	47.5	25.98

2. 产品外在特征及独特营养品质特征评价鉴定

和林羊肉在和林格尔县范围内，其肌肉有光泽，色泽鲜艳，为暗红色，脂肪呈乳白色，肉质表面微湿润，不粘手；肉质紧密，有坚实感，煮沸后肉汤透明澄清，脂肪团聚于液面，具有羊肉特有的香味。在其独特的生长环境下，具有肌肉色泽鲜艳，肉质紧密，有坚实感，煮沸后肉汤透明澄清的特点。内在品质具有蛋白质、不饱和脂肪酸、鲜味氨基酸含量高，胆固醇、剪切力低等特性。

3. 评价鉴定依据

《中国食物成分表》（第六版第二册）、《鲜、冻胴体羊肉》（GB/T 9961—2008）、《肉的食用品质客观评价方法》（NY/T 2793—2015）、《羊肉质量分级》（NY/T 630—2002）、《优质羊肉品质要求》（DB22/T 1003—2018）、《龙陵黄山羊屠宰性能及肉质研究》。

市场销售采购信息

蒙羊牧业股份有限公司　　联系人：常润年　　联系电话：15248076247

（十五）和林花鲢

证书编号：CAQS-MTYX-20220622

1. 营养指标（表 19）

表 19 和林花鲢独特性营养品质主要指标

参数	脂肪（g/100 g）	多不饱和脂肪酸占总脂肪酸百分比（%）	蛋白质（%）	鲜味氨基酸占总氨基酸比例（%）	DHA（占总脂肪酸）（%）
测定值	0.7	21.31	19.7	27.74	8.56
参照值	2.2	20.00	15.3	25.83	4.20

2. 产品外在特征及独特营养品质特征评价鉴定

和林花鲢在和林范围内，花鲢鱼体长约 35 cm，重约 2.6 kg，背部及体侧上部微黑，有不规则的黑色斑点，腹部灰白色，各鳍呈灰色；鳞片紧密，有光泽，肌肉组织有弹性，熟食肉质紧实有弹性，鲜嫩多汁，腥味淡。在其独特的生长环境下，具有鳞片紧密，有光泽，肌肉组织有弹性的特性，内在品质蛋白质、多不饱和脂肪酸占总脂肪酸百分比、鲜味氨基酸／总氨基酸、DHA（占总脂肪酸）均高于参考值，脂肪优于参考值。

3. 评价鉴定依据

《中国食物成分表》（第六版第二册）。

市场销售采购信息

呼和浩特园生养殖有限责任公司　联系人：裴艳维　联系电话：18698436518
内蒙古绿野农牧业发展有限公司　联系人：解旭涛　联系电话：15352872008

（十六）和林羊肚菌

证书编号： CAQS-MTYX-20230209

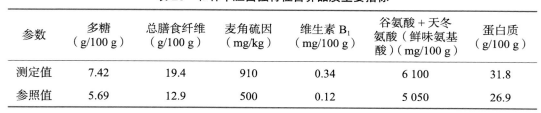

1. 营养指标（表 20）

表 20　和林羊肚菌独特性营养品质主要指标

参数	多糖（g/100 g）	总膳食纤维（g/100 g）	麦角硫因（mg/kg）	维生素 B_1（mg/100 g）	谷氨酸＋天冬氨酸（鲜味氨基酸）（mg/100 g）	蛋白质（g/100 g）
测定值	7.42	19.4	910	0.34	6 100	31.8
参照值	5.69	12.9	500	0.12	5 050	26.9

2. 产品外在特征及独特营养品质特征评价鉴定

和林羊肚菌在和林格尔县范围内，在其独特的生长环境下，菌盖近椭圆形，菌柄基部剪切平整，菌柄呈白色，长度 6～8 cm，菇形饱满完整，具有不规则皱纹，表面有似羊肚状的凹坑，煮熟后菌肉紧实，口感弹韧的特性，内在品质蛋白质、总膳食纤维、麦角硫因、维生素 B_1、多糖、谷氨酸＋天冬氨酸（鲜味氨基酸）均高于参考值。

3. 评价鉴定依据

《中国食物成分表》（第六版第一册）、《羊肚菌等级规格》（DB51/T 2464—2018）、《羊肚菌液体培养条件及氨基酸分析》、《羊肚菌多糖类物质的研究进展》。

🛒 市场销售采购信息

内蒙古瑞福杨种植专业合作社　联系人：刘瑞　联系电话：13081506222
内蒙古蒙菌种植专业合作社　联系人：贾全军　联系电话：13500692138

（十七）和林生鲜羊乳

证书编号：CAQS-MTYX-20230210

1. 营养指标

表 21　和林生鲜羊乳独特性营养品质主要指标

参数	蛋白质（%）	锌（mg/100 g）	硒（μg/100 g）	不饱和脂肪酸占总脂肪酸百分比（%）	鲜味氨基酸占总氨基酸比例（%）	亚油酸/总脂肪酸（%）
测定值	3.0	0.44	2.10	33.4	30.30	4.4
参照值	≥2.8	0.29	1.75	28.3	26.17	4.0

2. 产品外在特征及独特营养品质特征评价鉴定

和林生鲜羊乳在和林格尔县范围内，在其独特的生产环境下，呈乳白色，具有状态均匀、浓稠，煮热后口感香醇浓郁，有鲜美的乳香味的特性，内在品质蛋白质、锌、硒、多不饱和脂肪酸占总脂肪酸百分比、鲜味氨基酸占总氨基酸比例、亚油酸/总脂肪酸均高于参考值。

3. 评价鉴定依据

《中国食物成分表》（第六版第二册）、《食品安全国家标准生乳》（GB 19301—2010）。

市场销售采购信息

内蒙古盛健生物科技有限责任公司　联系人：林飞　联系电话：18804713331

04 清水河县篇

清水河县位于内蒙古高原和山陕黄土高原中间地带。由于长期受流水的侵蚀和切割，高原面貌被破坏，地表千沟万壑，纵横交错，呈现出波状起伏的低山丘陵地形。沟网密度为 4.02 km/km²，相对高差大于 50 m，侵蚀模数 7 000～8 000 m³/年，是黄河中上游地区水土流失最严重的旗县之一。清水河县地处中温带，属典型的温带大陆性季风气候，四季分明。冬季寒冷少雪；春季温暖干燥多风沙；夏季受海洋性季风影响炎热而雨量集中；秋季凉爽而短促。气温年际间差异较大，光照充足，热量丰富。

县境内山地面积 733 km²，占全县总面积的 26%。全县总的地形东南高，西北低。平均海拔 1 373.6 m，东南部的猴儿头山主峰为境内最高点，海拔 1 806 m。最低点则是位于黄河畔的老牛湾村，海拔 921 m，相对高差 911 m。境内以丘陵最多，滩川甚少，整个地形山、川、沟相间，多为波状山脉，大部分导脉于阴山，群峰林立，蜿蜒起伏。县境内土壤分为栗钙土、栗褐土、灰褐土、潮土、风沙土、沼泽土、盐土、石质土8个土类，11个亚类、33个土属、113个土种。

地处自治区首府呼和浩特市的最南端，全县总面积2 859 km²，辖4镇4乡和1个工业园区，103个行政村、8个社区，798个自然村，户籍人口14.7万人，其中农业人口10.6万人，常住人口8.9万人。全县宜农耕地103万亩，水浇地不足3万亩，97%以上为坡梁旱地，全年降水量在410 mm左右，年平均气温7.1℃，无霜期110～160 d，≥10℃的有效积温2 900℃，是一个典型的雨养农业县。清水河县立足实际，发展规模化经营，主要围绕小杂粮、玉米种植以及生猪、肉牛、肉羊养殖等产业，通过技术服务、组织实施，积极扩大种植、养殖规模，提升产品质量及产业化水平。目前，全县共有424家合作社，其中，国家级3家、自治区级2家、市级31家。家庭农牧场共有103家，并全部录入全国家庭农场系统，其中，市级示范家庭农牧场23家、自治区级家庭农牧场2家。

目前已经形成了绿色杂粮农畜产品为主的现代农牧业体系，建成厚墙体日光温室蔬菜基地6 500亩，小杂粮（豆）种植面积26万亩；建成万头奶牛牧场2个、万头规模肉驴养殖基地1处、规模奶山羊养殖基地3个、5 000头规模生猪养殖基地1个；培育市级农牧业龙头企业20家、自治区级龙头企业4家，成功打造"窑上田"区域公共品牌，"海红果、米醋、小香米、黄米、胡麻油"被认证为国家地理标志成品，"清水河花菇"被认证为农产品地理标志产品；绿色食品有2家企业，海红果、大樱桃两个产品；名特优新农产品有清水河花菇、清水河小香米、清水河黄米3个产品。

一

绿色食品认证产品

（一）清水河"海红果"

证书编号：LB-18-23060508478A

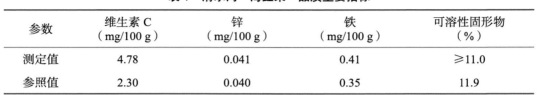

1. 营养指标（表 1）

表 1　清水河"海红果"品质主要指标

参数	维生素 C （mg/100 g）	锌 （mg/100 g）	铁 （mg/100 g）	可溶性固形物 （%）
测定值	4.78	0.041	0.41	≥11.0
参照值	2.30	0.040	0.35	11.9

2. 产品外在特征及独特品质特征评价鉴定

海红果学名西府海棠（M.micromalus.Mak.）属于蔷薇（Rosaceae）梨亚科（Pomoideae）苹果属。海红果属落叶小乔木，果实完熟后为鲜红色，果肉淡红色，肉脆多汁，果实小，近似圆形。具有坐果率高、单株产量高、易管理、寿命长、易更新、盛果期长等特点。海红果树，属蔷薇科苹果属滇池海棠系的西府海棠种，是我国稀有果树资源，是陕晋蒙交界区域独有的一种耐寒、抗旱、耐瘠薄、病虫少、适应性强、管理简便的高产果树。

3. 评价鉴定依据

《绿色食品　温带水果》（NY/T 844—2017）、《绿色食品　农药使用准则》（NY/T 293—2020）、《绿色食品　产地环境质量》（NY/T 391）。

4. 储藏方法

每年即将入冬为其采摘期，采摘即冻，过水解冻后食用风味为最佳，虽成熟期长，但却是一年四季的冷冻食用佳品。海红果实兼有鲜食、制干、酿造等用途，同时具有健脾胃、增食欲、助消化等功效，特别对婴幼儿及老年缺钙症具有很好的食疗作用。用海红果加工而成的鲜果汁味感纯正、爽口、酸甜适口，有清凉、沙口感。产品风味独特、天然纯净。

🛒 市场销售采购信息

内蒙古博煜农林科技开发有限公司　联系人：苏志军　联系电话：18004715668

（二）清水河"大樱桃"

证书编号：LB-18-23060510423A

1. 营养指标（表2）

表2 清水河"大樱桃"品质主要指标

参数	蛋白质 （g/100 g）	糖 （g/100 g）	膳食纤维 （g/100 g）	碳水化合物 （g/100 g）	维生素 C （g/100 g）
测定值	0.97	12.8	1.2	12.3	11.8
参照值	0.90	11.5	0.9	11.5	11.0

2. 产品外在特征及独特品质特征评价鉴定

清水河县美早大樱桃品种是由大连市农业科学研究院从美国引进，是一个结果早、品质好、耐储运的中早熟大樱桃新品种，有着广阔的发展前景，该品种果实大而整齐，平均单果重9 g左右，最大果重11.4 g。果形宽心脏形，大小整齐，顶端稍平，果柄特别短粗。果面紫红色，光亮透明。肉质脆而不软，肥厚多汁，风味酸甜可口，品质优良，可食率达92.3%，可溶性固形物含量17.8%。

3. 评价鉴定依据

清水河"大樱桃"果实丰硕，外观呈紫红色，肉质脆而不软，风味酸甜可口。

《绿色食品　温带水果》（NY/T 844—2017）、《绿色食品　农药使用准则》（NY/T 393—2020）、《绿色食品　标志许可审查程序》、《绿色食品　产地环境质量》（NY/T 391—2021）、《绿色食品　产地环境调查、检测与评价规范》（NY/T 1054—2021）。

4. 环境优势

种植区域平均海拔1 373.6 m，境内无霜期日数年平均146 d，境内水汽较少，阴雨天少，大气透光度好，太阳辐射强度大，光能资源比较丰富。全年日照时2 445.1～3 357.9 h，平均2 914.3 h全年太阳总辐射量为572.42 kJ/cm²，光合作用有效辐射为280.49 kJ/cm²，其中4—9月为178.74 kJ/cm²，占全年的63.7%。

县境内土壤分为栗钙土、栗褐土、灰褐土、潮土、风沙土、沼泽土、盐土、石质土8个土类，11个亚类、33个土属，113个土种。

5. 储藏方法

每年 1 月上旬花芽膨大，下旬盛花期，4 月下旬成熟。采摘方便，冷藏保存。鲜果汁味感纯正、爽口。

🛒 **市场销售采购信息**

内蒙古万兴宇食品有限责任公司　联系人：王万斌　联系电话：15335589988

二

全国名特优新农产品名录收集登录产品

（一）清水河小香米

证书编号： CAQS-MTYX-20200175

1. 营养指标（表3）

表3　清水河小香米独特性营养品质主要指标

参数	蛋白质（g/100 g）	直链淀粉（%）	维生素 B_1（mg/100 g）	硒（μg/100 g）	锌（mg/100 g）	谷氨酸＋天冬氨酸（鲜味氨基酸）（mg/100 g）	脂肪（g/100 g）
测定值	9.42	19.4	0.50	5.00	2.40	2 710	4.3
参照值	8.90	18.0	0.33	4.74	1.87	2 580	3.1

2. 产品外在特征及独特营养品质特征评价鉴定

清水河小香米在清水河县范围内，在其独特的生长环境下，色泽呈金黄色，米粒大小均匀，外观鲜黄明亮，粒形饱满完整，蒸后米粒完整金黄，软而不黏结，米饭香味浓郁的特性，内在品质蛋白质、脂肪、直链淀粉、锌、谷氨酸＋天冬氨酸（鲜味氨基酸）含量高，且维生素 B_1、硒高于参考值。

3. 评价鉴定依据

《中国食物成分表》（第六版第一册）、《黑龙江省小米主栽品种理化特性与感官品质的相关性研究》、《呼和浩特市售不同品种小米的品质特性比较研究》。

市场销售采购信息

清水河县老牛湾兴盛种养殖专业合作社　联系人：李建国　联系电话：13654883908
内蒙古农苑商贸杂粮有限公司　联系人：乔仝柱　联系电话：13848911999

（二）清水河黄米

证书编号：CAQS-MTYX-20200176

1. 营养指标（表4）

表4 清水河黄米独特性营养品质主要指标

参数	脂肪 （g/100 g）	总淀粉 （%）	谷氨酸 （mg/100 g）	锌 （mg/100 g）	硒 （μg/100 g）	维生素 B_1 （mg/100 g）
测定值	2.3	77.2	2 360	2.24	5.4	0.28
参照值	1.5	67.5	1 518	2.07	2.31	0.09

2. 产品外在特征及独特营养品质特征评价鉴定

清水河黄米在清水河县范围内，在其独特的生长环境下，呈淡黄色，粒形圆，大小均匀，千粒重 5.89 g，粒形饱满；煮粥米与汤融合，口味醇香，黏糯爽滑的特性，该产品具有较高的脂肪、总淀粉、谷氨酸、锌，且含有较高的硒、维生素 B_1。

3. 评价鉴定依据

《中国食物成分表》（第六版第一册）、《黄米淀粉的制备及流变学特性的研究》、《黄米营养成分分析》、《黄米淀粉理化特性的研究》。

🛒 市场销售采购信息

呼和浩特市创宏种养殖专业合作社　联系人：牛三娃　联系电话：13474912766
呼和浩特市金利小杂粮种植加工农民专业合作社　联系人：金磊　联系电话：13500617681

（三）清水河花菇

证书编号：CAQS-MTYX-20200177

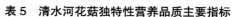

1. 营养指标（表5）

表5　清水河花菇独特性营养品质主要指标

参数	多糖（%）	膳食纤维（g/100 g）	谷氨酸＋天冬氨酸（鲜味氨基酸）（mg/100 g）	硒（μg/100 g）	锌（mg/100 g）
测定值	6.19	6.65	1 090	3.10	0.98
参照值	3.76	3.44	427	2.58	0.66

2. 产品外在特征及独特营养品质特征评价鉴定

清水河花菇在清水河县范围内，在其独特的生长环境下，菇形规整、表面褐色着白色龟裂花纹，菌褶白色，菌肉厚实，菌褶紧实，煮熟后口感滑嫩鲜美，味道浓郁的特性，内在品质膳食纤维、多糖、谷氨酸＋天冬氨酸（鲜味氨基酸）、硒、锌均高于参考值。

3. 评价鉴定依据

《中国食物成分表》（第六版第一册）、《香菇等级规定划分》（NY/T 1061—2006）、《不同干燥方法对生食香菇品质的影响》、全国地理标志农产品查询"吉林长白山香菇"。

市场销售采购信息

清水河县摇铃沟农业科技发展有限公司　联系人：苏永梅　联系电话：15034958178

（四）清水河米醋

证书编号：CAQS-MTYX-20230775

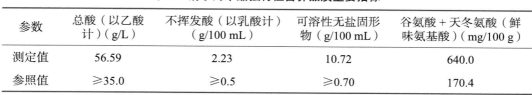

1. 营养指标（表6）

表6　清水河米醋独特性营养品质主要指标

参数	总酸（以乙酸计）（g/L）	不挥发酸（以乳酸计）（g/100 mL）	可溶性无盐固形物（g/100 mL）	谷氨酸＋天冬氨酸（鲜味氨基酸）（mg/100 g）
测定值	56.59	2.23	10.72	640.0
参照值	≥35.0	≥0.5	≥0.70	170.4

2. 产品外在特征及独特营养品质特征评价鉴定

清水河米醋在清水河县范围内，在其独特的生产环境下，具有外观色泽呈棕黑色，味道酸中带甜，酸而不涩，酸味柔和的特性，有米醋固有的气味和滋味，内在品质总酸、可溶性无盐固形物、不挥发酸均高于参考值，满足标准要求，谷氨酸＋天冬氨酸（鲜味氨基酸）高于参考值。

3. 评价鉴定依据

《小米醋》（T/QGCML 288—2022）、《黑米醋》（T/QGCML 357—2022）、《浙江玫瑰米醋》（T/ZZB 0930—2019）、《纯粮米醋》（T/GFPU 0005—2020）、《传统固态发酵小米醋风味物质的变化及工艺改良》。

市场销售采购信息

呼和浩特市窑沟月盛香坊合作社　联系人：石均小　联系电话：13134711976

05 武川县篇

武川县位于内蒙古自治区中部，阴山北麓，首府呼和浩特市北，总面积 4 885 km²。县境东西长约 110 km，南北最宽约 60 km。县境东南部和南部与呼和浩特市新城区、回民区和土默特左旗相连；西南和西部与包头市土默特右旗、固阳县毗邻；北部与包头市达尔罕茂明安联合旗、四子王旗接壤；东与乌兰察布市卓资县交界。

武川县是内蒙古乃至全国北部地区的交通小枢纽，它距自治区首府呼和浩特较近，且境内 G209、S311、S104 纵横通过，是连接祖国北出口的桥头堡。

武川气候类型属中温带大陆性季节气候，气候特点是日照充足，昼夜温差和冬夏温差都较大，冬长夏短。年平均气温 3.0 ℃，年极端最低气温 -37.0 ℃，最冷月为 1 月，平均气温 -14.8 ℃，最热月为 7 月，平均气温 18.8 ℃。无霜期 110 d 左右，月平均气温大于或等于 0 ℃的年积温，历年平均为 2 578.5 ℃。历年平均降水量为 354.1 mm 左右。

武川县境内山地面积 2 296.7 km²，占总面积的 47%。全县丘陵面积 2 588.3 km²，占总面积的 53%。最高海拔 2 327 m，平均海拔在 1 500～2000 m。全县有耕地面积 200 多万亩，林地 140 多万亩，草场面积 373 万亩，土地利用类型以旱作农业为主。由于特殊的地理位置，气候状况及土壤环境的影响，种植出的农产品品质优良，是公认的马铃薯、莜麦黄金生长带。

武川县以"两麦一薯一羊"为抓手，积极推进农牧业绿色高品质发展，"武川马铃薯""武川莜面""武川肉羊"等 9 种产品纳入《全国名特优新农产品名录》，全县认证绿色食品 53 万 t，2021 年武川燕麦传统旱作系统入选第六批中国重要农业文化遗产名单，"武川藜麦"荣获 2022 年度中国农产品百强标志性品牌，武川县依托高原特色区位优势，以"四条产业链"为目标，着力打好"特色"和"优质"两张牌，全面巩固"中国燕麦之乡""中国马铃薯之乡""武川藜麦"成果，努力把武川县建成"国家重要农畜产品生产基地""我国北方重要生态安全屏障"等重要基地，助力农业发展提档升级，不断推进"绿色武川"发展成果。

绿色食品认证产品

（一）武川县"马铃薯淀粉"

证书编号：LB-55-23060510202A

1. 营养指标（表1）

表1 武川县"马铃薯淀粉"品质主要指标

参数	水分（%）	灰分（%）	蛋白质（%）	pH值	电导率（uS/cm）
测定值	16.8	0.23%	0.13	6.71	78
参照值	≤20.0	≤0.30	≤0.15	6.0～8.0	≤100

2. 产品外在特征及独特品质特征评价鉴定

武川县马铃薯淀粉色泽洁白，带结晶光泽，颗粒度小。内在品质水分、灰分、电导率均优于标准值，蛋白质含量高，pH值满足标准范围要求。

3. 评价鉴定依据

《绿色食品　食品添加剂使用准则》（NY/T 392—2023）、《绿色食品　标志许可审查程序》、《绿色食品　产地环境质量》（NY/T 391—2021）、《绿色食品　产地环境调查、检测与评价规范》（NY/T 1054—2021）、《食用马铃薯淀粉》（GB/T 8884—2017）。

4. 产地概况

武川县由于特殊的地理位置，气候状况及土壤环境的影响，种植出的农产品品质优良，是公认的马铃薯黄金生长带。

5. 储藏方法

储藏方法：常温、通风、干燥、避光。

市场销售采购信息

呼和浩特市兴三农淀粉制品有限责任公司　联系人：徐良　联系电话：13848157593

（二）武川县"大球盖菇、滑子菇、香菇"

证书编号：LB-21-23050505408A

1. 营养指标（表2、表3、表4）

表2　香菇品质主要指标

参数	水分（%）	灰分（以干基计）（%）	菌盖颜色	形状	菌褶颜色	菌盖厚度
测定值	≤13.0	≤8.0	菌盖淡褐色至褐色	扁半球形平展，菇形规整	菌褶黄色	＞0.3
参照值	10.2	5.3	菌盖淡褐色至褐色	扁半球形平展，菇形规整	菌褶黄色	0.5

表3　滑子菇品质主要指标

参数	水分（g/100 g）	灰分（以干基计）（g/100 g）	外观形状	色泽、气味	杂质
测定值	≤12.0	≤8.0	菇形正常，或菇片均匀，或菌颗粗细均匀	具有该食用菌的固有色泽和香味，无酸、臭、霉变、焦糊等异味	无肉眼可见外来异物（包括杂菌）
参照值	11.6	7.0	菇形正常	具有该食用菌的固有色泽和香味，无酸、臭、霉变、焦糊等异味	无肉眼可见外来异物（包括杂菌）

表4　大球盖菇品质主要指标

参数	水分（g/100 g）	灰分（以干基计）（g/100 g）	外观形状	色泽、气味	杂质
测定值	≤12.0	≤8.0	菇形正常，或菇片均匀，或菌颗粗细均匀	具有该食用菌的固有色泽和香味，无酸、臭、霉变、焦糊等异味	无肉眼可见外来异物（包括杂菌）
参照值	7.74	7.5	菇形正常	具有该食用菌的固有色泽和香味，无酸、臭、霉变、焦糊等异味	无肉眼可见外来异物（包括杂菌）

2. 产品外在特征及独特品质特征评价鉴定

武川大球盖菇生长在武川县域范围内，其菌盖直径 3.0～5.0 cm，表面平滑，有纤维状或细纤维状鳞片，湿后稍有黏性，菌肉肥厚，呈白色；菌柄表面平滑，呈白色或淡黄褐色，菌柄粗壮，向基部渐粗，菌柄长 5.0～10.0 cm，直径 2～3 cm；口感鲜嫩、肉质富有弹性，自带菌类特有香味。内在品质蛋白质、维生素 C、天冬氨酸、亮氨酸、赖氨酸、铁、锌均高于参考值（以干基计）。

3. 评价鉴定依据

《绿色食品　食品添加剂使用准则》（NY/T 392—2023）、《绿色食品　标志许可审查程序》、《绿色食品　产地环境质量》（NY/T 391—2021）、《绿色食品　产地环境调查、检测与评价规范》（NY/T 1054—2021）、《食用马铃薯淀粉》（GB/T 8884—2017）。

4. 环境优势

武川气候类型属中温带大陆性季节气候，气候特点是日照充足，昼夜温差和冬夏温差都较大，冬长夏短。造就了武川大球盖菇、滑子菇、香菇独特品质，伴有特有的沁人香气，菌肉紧实，口感弹韧。内在品质蛋白质、谷氨酸、天冬氨酸、赖氨酸、精氨酸、苯丙氨酸、钾、镁、铜均高于参考值，硒含量高于参考值近 33 倍。

5. 储藏方法

储藏方法：冷藏。

市场销售采购信息

呼和浩特蒙禾源菌业有限公司　联系人：王璐　联系电话：17790742580

（三）武川县"贝贝南瓜"

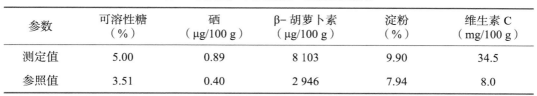

证书编号：LB-15-20120515577A

1. 营养指标（表5）

表5　武川县"贝贝南瓜"品质主要指标

参数	可溶性糖（%）	硒（μg/100 g）	β-胡萝卜素（μg/100 g）	淀粉（%）	维生素C（mg/100 g）
测定值	5.00	0.89	8 103	9.90	34.5
参照值	3.51	0.40	2 946	7.94	8.0

2. 产品外在特征及独特品质特征评价鉴定

武川县所产贝贝南瓜表皮为墨绿色，纹路清晰，皮薄肉厚，瓜瓤金黄，香甜软糯，入口即化，肉质细腻绵软，呈饱满的金黄色。独特的地理气候条件生产的贝贝南瓜富含蛋白质，脂肪。粗纤维，钙，磷，铁，胡萝卜素，核黄素等多种营养物质。

3. 评价鉴定依据

《绿色食品　食品添加剂使用准则》（NY/T 392—2023）、《绿色食品　标志许可审查程序》、《绿色食品　产地环境质量》（NY/T 391—2021）、《绿色食品　产地环境调查、检测与评价规范》（NY/T 1054—2021）。

4. 储藏方法

储藏方法：常温或冷藏。

🛒 市场销售采购信息

武川县迦南种植专业合作社　联系人：朱瑞芳　联系电话：15848381344

（四）武川县"葵花籽"

证书编号：LB-09-20050502484A

1. 营养指标（表6）

表6 武川县"葵花籽"品质主要指标

参数	能量 （kJ/100 g）	脂肪 （g/100 g）	蛋白质 （g/100 g）	膳食纤维 （g/100 g）	碳水化合物 （g/100 g）	饱和脂肪酸 （g/100 g）
测定值	2 485	49.5	23.0	6.0	12.6	5.2

2. 产品外在特征及独特品质特征评价鉴定

向日葵在武川县种植面积辽阔。所产向日葵籽粒外形饱满，色泽鲜亮，葵花籽颗粒大，籽仁饱满，口感香甜，营养丰富。向日葵籽粒含有丰富的蛋白质，氨基酸，钙，铁，铜，磷，钾，B族维生素及大量的不饱和脂肪酸。每天吃一把葵花籽能满足人体一天所需的维生素E。

3. 评价鉴定依据

《绿色食品 食品添加剂使用准则》（NY/T 392—2023）、《绿色食品 标志许可审查程序》、《绿色食品 产地环境质量》（NY/T 391—2021）、《绿色食品 产地环境调查、检测与评价规范》（NY/T 1054—2021）。

4. 储藏方法

储藏方法：常温、通风、干燥、避光。

市场销售采购信息

武川县圣丰农产品专业合作社 联系人：邢林梅 联系电话：13948717359

（五）武川县"莜面"、武川县"胚芽燕麦米"

证书编号：武川莜面 LB-14-20020500074A

　　　　　胚芽燕麦米 LB-14-19120513408A

1. 营养指标（表7、表8）

表 7　武川莜面品质主要指标

参数	粗细度	灰分（以干基计）（％）	含砂量（％）	磁性金属物（g/kg）	脂肪酸值（干基）（以 KOH 计）（mg/100 g）	水分（％）
测定值	全部通过 CQ20 号筛	≤1.0	≤0.03	≤0.003	≤90	≤10.0
参照值	全部通过 CQ20 号筛	0.76	0.01	0	35.1	8.32

表 8　胚芽燕麦米品质主要指标

参数	外观	口味、气味	容重（g/L）	水分（％）	不完善粒（％）	杂质：总量（％）
测定值	粒状、籽粒饱满，无明显霉变	具有该产品固有的口味、气味，无异味	≥700	≤13.5	≤5.0	≤2.0
参照值	样品粒状、籽粒饱满，无霉变	具有该产品固有的口味、气味，无异味	726	10.6	0.1	0.2

2. 产品外在特征及独特营养品质特征评价鉴定

武川莜面，由武川莜麦加工而成的。莜麦是世界公认的营养价值很高的粮种之一，在谷类粮食中莜麦的蛋白质含量最高。武川莜面面粉较白，口感劲道，富含钙磷等微量元素、多种氨基酸和维生素。

3. 评价鉴定依据

《绿色食品　燕麦及燕麦粉》（NY/T 892—2014）、《绿色食品　农药使用准则》（NY/T 393—2020）。

4. 储藏方法

储藏方法：常温、通风、干燥、避光。

市场销售采购信息

武川县禾川绿色食品有限责任公司　联系人：王晓君　联系电话：13947188819
内蒙古燕谷坊全谷物产业发展有限责任公司　联系人：赵春花　联系电话：18047121172
内蒙古御品香粮油有限责任公司　联系人：武灵火　联系电话：13847181642
武川县山老区农畜产品专业合作社　联系人：高政统　联系电话：15849370111
内蒙古蒙瑞兴粮油贸易有限责任公司　联系人：郭瑞　联系电话：15947710475
武川县智邦谷物产业有限公司　联系人：弓志国　联系电话：18947185858
武川县西窑子种植专业合作社　联系人：林慧　联系电话：13238406509

（六）武川县"马铃薯"

证书编号：LB-15-18100509279A

1. 营养指标（表9）

表9 武川县"马铃薯"品质主要指标

参数	水分（%）	灰分（%）	蛋白质（%）	pH 值	电导率（uS/cm）
测定值	16.8	0.23%	0.13	6.71	78
参照值	≤20.0	≤0.30	≤0.15	6.0～8.0	≤100

2. 产品外在特征及独特品质特征评价鉴定

武川马铃薯在武川县范围内，在其独特的生长环境下，个头均匀，单薯重约200 g，外皮颜色为黄色，外观新鲜，成熟度好，薯形好，蒸熟后，薯香浓郁，口感沙甜而滑润的特性，内在品质维生素C、淀粉、蛋白质高于参考值，粗纤维、还原糖优于参考值。因此也被中外专家称之为天然的隔离区和马铃薯生长发育的黄金地域。武川土豆是内蒙古自治区武川县特产，国家农产品地理标志产登记产品。

3. 评价鉴定依据

《绿色食品　食品添加剂使用准则》（NY/T 392—2023）、《绿色食品　标志许可审查程序》、《绿色食品　产地环境质量》（NY/T 391—2021）、《绿色食品　产地环境调查、检测与评价规范》（NY/T 1054—2021）、《食用马铃薯淀粉》（GB/T 8884—2017）。

4. 环境优势

武川县地势海拔、昼夜温差等条件都很适宜马铃薯块茎的膨大，适宜于淀粉积累，生产的马铃薯病虫害较少，武川马铃薯块大整齐、表皮光滑，蒸炖后口感面沙。

5. 储藏方法

储藏方法：常温、通风。

🛒 市场销售采购信息

武川县塞丰马铃薯种业有限责任公司　联系人：苏春光　联系电话：15847180855
武川县迦南种植专业合作社　联系人：朱瑞芳　联系电话：15848381344
武川县圣丰农产品专业合作社　联系人：邢林梅　联系电话：13948717359
内蒙古旭丰农业科技有限公司　联系人：云梦达　联系电话：18747973310

（七）武川县"牛肉"

证书编号：LB-26-21040503992A

1. 营养指标（表 10）

表 10 武川县"牛肉"品质主要指标

参数	胆固醇 （mg/100 g）	亚油酸 / 总脂肪酸（%）	谷氨酸 （mg/100 g）	硒 （μg/100 g）	天冬氨酸 （mg/100 g）
测定值	58.6	19.8	3 530	6.60	1 980
参照值	74.0	14.6	2 496	6.10	1 633

2. 产品外在特征及独特品质特征评价鉴定

所产牛肉大理石花纹、肌肪覆盖等均达到优质产品品质。外表微干，不粘手。内在品质肌间脂肪、必需氨基酸占总氨基酸比例、不饱和脂肪酸占总脂肪酸百分比均高于参考值，剪切力及胆固醇优于参考值。

3. 评价鉴定依据

《绿色食品　食品添加剂使用准则》（NY/T 392—2023）、《绿色食品　标志许可审查程序》、《绿色食品　产地环境质量》（NY/T 391—2021）、《绿色食品　产地环境调查、检测与评价规范》（NY/T 1054—2021）。

4. 储藏方法

储藏方法：冷冻、冷藏。

🛒 **市场销售采购信息**

武川县万禾利生种植专业合作社　联系人：范军　联系电话：13848132244

（八）武川县"沙棘茶叶"

证书编号：LB-45-20060510648A

1. 产品外在特征及独特品质特征评价鉴定

沙棘喜光，耐寒，耐酷热，耐风沙及干旱气候。在武川县大青山北麓有着天然的沙棘林。沙棘茎、叶、含有丰富的营养物质和生物活性物质，通过人工采摘制成的沙棘茶叶性温味道清香味酸涩，有清热止咳、活血化瘀、补脾益胃之功。 另外医学上的研究发现沙棘茶当中所含的有效成分能够调节心血管系统的功能，特别是其中所含的特殊黄酮类物质，可以对肝细胞起到修复的效果，让肝脏能够更好地进行解毒和消化，也防止体内的毒素对其他脏器造成严重伤害。沙棘茶当中有着丰富的维生素 C，具有美白皮肤以及抗衰老的作用，又被誉美容饮品。

2. 评价鉴定依据

《绿色食品　食品添加剂使用准则》（NY/T 392—2023）、《绿色食品　标志许可审查程序》、《绿色食品　产地环境质量》（NY/T 391—2021）、《绿色食品　产地环境调查、检测与评价规范》（NY/T 1054—2021）。

3. 储藏方法

储藏方法：常温或冷藏。

市场销售采购信息

武川县晟源山茶合作社　联系人：朱林飞　联系电话：15734713210

（九）武川县"山林虫草鸡、草鸡蛋"

证书编号：LB-28-20110510378A LB-31-20110510379A

1. 营养指标（表11、表12）

表11 武川县"山林虫草鸡"品质主要指标

参数	胆固醇（mg/100 g）	亚油酸/总脂肪酸（%）	谷氨酸（mg/100 g）	硒（μg/100 g）	天冬氨酸（mg/100 g）
测定值	50.6	18.8	3 030	6.50	1 880
参照值	74.0	14.6	2 496	6.10	1 633

表12 武川县"草鸡蛋"品质主要指标

参数	卵磷脂（%）	硒（μg/100 g）	蛋氨酸（mg/100 g）	多不饱和脂肪酸占总脂肪酸百分比（%）
测定值	5.37	21.00	410	13.28
参照值	2.70	13.96	327	7.30

2. 产品外在特征及独特品质特征评价鉴定

内蒙古呼和浩特市武川县白彦山养殖场位于武川县大青山乡，山林虫草鸡是内蒙古大草原上和内蒙古高原牧场的山林间自然放牧饲养的一种优质土鸡，以采食野菜、嫩草、草籽、昆虫、菌类为主，兼以各种谷物为辅。让鸡群回归自然，自由采食。饿了吃青草，馋了吃蚂蚱，渴了喝泉水，沐浴在阳光下，是半野生养殖的纯天然绿色食品。其禽肉，禽蛋产品绿色健康，味道鲜美。鸡蛋蛋壳洁净，呈规则卵圆形，蛋皮有青色、白色多种，蛋白黏稠透明，蛋黄居中，轮廓清晰；煮熟后，蛋白光滑香嫩，弹性好，蛋黄颜色较深，口感细嫩香浓。内在品质卵磷脂、蛋氨酸、硒、多不饱和脂肪酸、亚油酸（占总脂肪酸）均高于参考值。

3. 评价鉴定依据

《绿色食品　食品添加剂使用准则》（NY/T 392—2023）、《绿色食品　标志许可审查程序》、《绿色食品　产地环境质量》（NY/T 391—2021）、《绿色食品　产地环境调查、检测与评价规范》（NY/T 1054—2021）。

4. 储藏方法

储藏方法：冷冻、冷藏；鸡蛋冷藏、常温。

市场销售采购信息

武川县山林虫草鸡专业合作社　联系人：姜和平　联系电话：13947160402

（十）武川县"羊肉"

证书编号：LB-27-21040503991A

1. 营养指标（表 13）

表 13　武川县"羊肉"品质主要指标

参数	胆固醇（mg/100 g）	亚油酸 / 总脂肪酸（%）	谷氨酸（mg/100 g）	硒（μg/100 g）	天冬氨酸（mg/100 g）
测定值	55.6	19.8	3 530	6.60	1 880
参照值	74	14.6	2 496	6.10	1 633

2. 产品外在特征及独特品质特征评价鉴定

武川肉羊养殖是武川县畜牧业的支柱产业，通过县委政府提出的"两麦一薯一羊的发展思路"。武川肉羊产业已初具规模，武川县境内没有大型厂矿企业，自然环境绿色无污染，在其独特的生长环境下，武川羊肉具有肌肉有光泽，色泽鲜艳，脂肪为乳白色，肉质紧密，有坚实感，肌纤维有韧性的特性。内在品质具有亮氨酸、不饱和脂肪酸、鲜味氨基酸含量高，剪切力、胆固醇低等特点。

3. 评价鉴定依据

《绿色食品　食品添加剂使用准则》（NY/T 392—2023）、《绿色食品　标志许可审查程序》、《绿色食品　产地环境质量》（NY/T 391—2021）、《绿色食品　产地环境调查、检测与评价规范》（NY/T 1054—2021）。

4. 储藏方法

储藏方法：冷冻、冷藏。

市场销售采购信息

武川县万禾利生种植专业合作社　联系人：范军　联系电话：13848132244

（十一）武川县"百灵面粉"

证书编号： LB-02-20120516014A
LB-02-20120516015A　　LB-02-21010500368A

1. 产品外在特征及独特品质特征评价鉴定

武川县二份子乡是武川县历史悠久的优质小麦主产区，所产面粉不添加任何添加剂。最大程度地保留了小麦中的蛋白质、面筋质、胡萝卜素、碳水化合物、钙、磷、铁、维生素 B_1、维生素 B_2 等各种营养成分。面粉质地松软，面食口感柔韧，麦香浓郁，营养价值高。

2. 评价鉴定依据

《饺子用小麦粉》（LS/T 3203—1993）、《食品安全国家标准　食品中污染物限量》（GB 2762—2017）、《食品安全国家标准　食品中真菌毒素限量》（GB 2761—2017）、《食品安全国家标准　食品中农药最大残留限量》（GB 2763—2021）、《粮油检验粮食、油料脂肪酸值测定》（GB/T 5510—2011）、《粮油检验粉类磁性金属物测定》（GB/T 5509—2008）、《粮油检验粉类粮食含砂量测定》（GB/T 5508—2011）、《粮油检验粉类粗细度测定》（GB/T 5507—2008）、《小麦和小麦粉面筋含量第1部分：手洗法测定湿面筋》（GB/T 5506.1—2008）等。

3. 储藏方法

储藏方法：常温、通风、避光。

市场销售采购信息

武川县百灵粮油贸易有限公司　联系人：范俊　联系电话：13347130833
内蒙古旭丰农业科技有限公司　联系人：云梦达　联系电话：18747973310

二

全国名特优新农产品名录收集登录产品

（一）武川香菇

证书编号：CAQS-MTYX-20190133

1. 营养指标（表 14）

表 14 武川香菇独特性营养品质主要指标

参数	蛋白质 （g/100 g）	赖氨酸 （mg/100 g）	谷氨酸 （mg/100 g）	天冬氨酸 （mg/100 g）	硒 （μg/100 g）
测定值	3.74	980	3 500	1 440	86.00
参照值	2.20	68	284	143	2.58

2. 产品外在特征及独特营养品质特征评价鉴定

香菇又名香蕈、香信、冬菇、松茸（日本）；菌盖稍扁平，表面呈深褐色，菌褶呈乳白色，厚度1.1～1.3 cm，菌盖直径4～5 cm，开伞度小，菌柄长度较菌盖直径长；伴有鲜香菇特有的沁人香气，菌肉紧实，口感弹韧。内在品质蛋白质、谷氨酸、天冬氨酸、赖氨酸、精氨酸、苯丙氨酸、钾、镁、铜均高于参考值，硒含量高于参考值近33倍。

3. 评价鉴定依据

中国食物成分表（第六版）、《香菇》（DB61/T 1195—2018）、《香菇等级规定划分》（NY/T 1061—2006）。

 市场销售采购信息

呼和浩特蒙禾源菌业有限公司　联系人：杜粉梅　联系电话：13327118058

（二）武川羊肚菌

证书编号：CAQS-MTYX-20190250

1. 营养指标（表 15）

表 15　武川羊肚菌独特性营养品质主要指标

参数	蛋白质（%）	谷氨酸（mg/100 g）	钾（mg/100 g）	麦角硫因（mg/kg）	维生素 B$_1$（mg/100 g）
测定值	28.4	4 620	2 640	1 680	0.38
参照值	26.9	2 760	1 726	500	0.12

2. 产品外在特征及独特营养品质特征评价鉴定

武川羊肚菌在其独特的生长环境下，菇形饱满完整，具有不规则皱纹，表面有似羊肚状的凹坑；菌柄基部剪切平整，菌盖近椭圆形，长度 6～9 cm，菌柄呈白色；煮熟后菌肉紧实，口感弹韧，具有羊肚菌特有的香味。内在品质蛋白质、钾、麦角硫因、维生素 B$_1$、谷氨酸、天冬氨酸均高于参考值。

3. 评价鉴定依据

《中国食物成分表》（第六版第一册）、《羊肚菌等级规格》（DB 51/T 2464—2018）、《羊肚菌液体培养条件及氨基酸分析》、《羊肚菌多糖类物质的研究进展》。

🛒 市场销售采购信息

内蒙古新浩盛生物科技有限公司　联系人：王璐　联系电话：17790742580

（三）武川燕麦

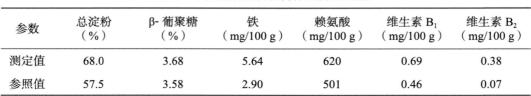

证书编号：CAQS-MTYX-20200178

1. 营养指标（表 16）

表 16　武川燕麦独特性营养品质主要指标

参数	总淀粉（%）	β-葡聚糖（%）	铁（mg/100 g）	赖氨酸（mg/100 g）	维生素 B_1（mg/100 g）	维生素 B_2（mg/100 g）
测定值	68.0	3.68	5.64	620	0.69	0.38
参照值	57.5	3.58	2.90	501	0.46	0.07

2. 产品外在特征及独特营养品质特征评价鉴定

武川燕麦在武川县范围内，在其独特的生长环境下，外皮呈淡黄色长纺锤形，体型较大，颗粒饱满，粒型均匀、完整，百粒重约 2.37 g，具有燕麦特有气味，味微甜的特性，内在品质具有总淀粉、赖氨酸、铁、维生素 B_1 含量高，且 β-葡聚糖、维生素 B_2 高于参考值的特点。

3. 评价鉴定依据

中国食物成分表（第六版第一册）、《燕麦米》（LS/T 3260—2019）、《藜麦及其他谷物的常规营养成分测定》、《裸燕麦米和燕麦粉加工所得麸皮中 β–葡聚糖和酚酸的分布》。

市场销售采购信息

武川县禾川绿色食品有限责任公司　联系人：赵丽青　联系电话：13644885932
内蒙古有机联创农业发展有限公司　联系人：张平　联系电话：15047810082
内蒙古西贝汇通农业科技发展有限公司　联系人：李佳宾　联系电话：15389712673
内蒙古燕谷坊全谷物产业发展有限责任公司　联系人：赵一楠　联系电话：18548183966

（四）武川莜面

证书编号：CAQS-MTYX-20200179

1. 营养指标（表17）

表 17 武川莜面独特性营养品质主要指标

参数	蛋白质（g/100 g）	总淀粉（%）	维生素 B_1（mg/100 g）	谷氨酸＋天冬氨酸（鲜味氨基酸）（mg/100 g）	多不饱和脂肪酸（%）	β-葡聚糖（%）
测定值	13.8	74.5	0.37	4 520	1.28	1.88
参照值	13.7	61.5	0.2	3 950	0.9	1.2

2. 产品外在特征及独特营养品质特征评价鉴定

武川莜面在武川县范围内，在其独特的生长环境下，为灰白色，粗粒感较强，手感略涩，面粉颗粒度较均匀，流散性好，有淡淡的莜麦香味的特性，内在品质蛋白质、总淀粉、维生素 B_1、谷氨酸＋天冬氨酸（鲜味氨基酸）高于参考值，且β-葡聚糖、多不饱和脂肪酸也高于参考值。

3. 评价鉴定依据

《中国食物成分表》（第六版第一册）、《莜麦面可溶性膳食纤维的研究》。

🛒 市场销售采购信息

武川县禾川绿色食品有限责任公司　联系人：赵丽青　联系电话：13644885932
内蒙古燕谷坊全谷物产业发展有限责任公司　联系人：赵一楠　联系电话：18548183966
内蒙古西贝汇通农业科技发展有限公司　联系人：李佳宾　联系电话：15389712673
内蒙古御品香粮油有限责任公司　联系人：武灵火　联系电话：13847181642
武川县山老区农畜产品专业合作社　联系人：高政统　联系电话：15849370111
内蒙古蒙瑞兴粮油贸易有限责任公司　联系人：郭瑞　联系电话：15947710475

（五）武川马铃薯

证书编号：CAQS-MTYX-20200180

1. 营养指标（表18）

表18 武川马铃薯独特性营养品质主要指标

参数	维生素C（mg/100 g）	蛋白质（%）	淀粉（%）	粗纤维（g/100 g）	还原糖（以葡萄糖计）（g/100 g）
测定值	30.1	1.71	15.9	0.40	0.15
参照值	14.0	1.50	13.0	0.60	0.38

2. 产品外在特征及独特营养品质特征评价鉴定

武川马铃薯在武川县范围内，在其独特的生长环境下，个头均匀，单薯重约200 g，外皮颜色为黄色，外观新鲜，成熟度好，薯形好，蒸熟后，薯香浓郁，口感沙甜而滑润的特性，内在品质维生素C、淀粉、蛋白质高于参考值，粗纤维、还原糖优于参考值。

3. 评价鉴定依据

《中国食物成分表》（第六版第一册）、《马铃薯营养特性及产业化发展的前景》、《真空包装处理对鲜切马铃薯品质的影响》、《农作物品种审定规范 马铃薯》（NY/T 1490—2007）。

📋 **市场销售采购信息**

武川县塞丰马铃薯种业有限责任公司　联系人：苏春光　联系电话：15847180855
武川县川宝绿色农产品有限责任公司　联系人：赵梅　联系电话：15049139558
武川县迦南种植专业合作社　联系人：朱瑞芳　联系电话：15848381344
武川县圣丰农产品专业合作社　联系人：邢林梅　联系电话：13948717359

（六）武川滑子菇

证书编号：CAQS-MTYX-20200181

1. 营养指标（表19）

表19　武川滑子菇独特性营养品质主要指标

参数	多糖（%）	膳食纤维（g/100 g）	钙（mg/100 g）	谷氨酸＋天冬氨酸（鲜味氨基酸）（mg/100 g）	必需氨基酸（g/100 g）
测定值	4.56	35.70	588	2 870	3 805
参照值	3.80	22.45	74	2 533	3 512

2. 产品外在特征及独特营养品质特征评价鉴定

武川滑子菇在武川县范围内，在其独特的生长环境下，菌盖为伞形，菌杆为柱形，菌盖、菌杆呈淡黄色，伴有滑子菇的香味，煮熟后口感爽滑的特性，内在品质多糖、膳食纤维、钙、谷氨酸＋天冬氨酸（鲜味氨基酸）、必需氨基酸均高于参考值。

3. 评价鉴定依据

《中国食物成分表》（第六版第二册）、《不同潮期滑子菇营养成分的比较》、《火焰原子吸收光谱法测定滑子菇中的元素》、《滑子菇营养成分分析与评价》、《食用菌中矿物质元素含量的测定》。

🛒 市场销售采购信息

呼和浩特蒙禾源菌业有限公司　联系人：杜粉梅　联系电话：13327118058

（七）武川黄芪

证书编号：CAQS-MTYX-20210238

1. 营养指标（表 20）

表 20　武川黄芪独特性营养品质指标

参数	水溶性浸出物（%）	灰分（%）	水分（%）	毛蕊异黄酮葡萄糖苷（%）	黄芪甲苷（%）
测定值	20.7	2.4	6.6	0.024	0.128
参照值	≥17.0	≤5.0	≤10.0	≥0.020	≥0.080

2. 产品外在特征及独特营养品质特征评价鉴定

武川黄芪生长在武川县区域范围内，产品呈圆形片状，直径 1.0～1.3 cm，有纵皱纹，表皮为黄白色，内部为淡黄色，有放射状纹理，味微甜。内在品质水溶性浸出物、毛蕊异黄酮葡萄糖苷、黄芪甲苷均高于参考值，满足药典要求，灰分、水分均优于参考值，满足药典要求。

3. 评价鉴定依据

《中华人民共和国药典》（2020 年版）。

市场销售采购信息

武川县畅丰种植专业合作社　联系人：王树文　联系电话：13848929645
内蒙古通用中药有限公司　联系人：冯学明　联系电话：13847123912

（八）武川肉牛

证书编号：CAQS-MTYX-20210239

1. 营养指标（表 21）

表 21　武川肉牛独特性营养品质指标

参数	肌间脂肪（%）	剪切力（N）	胆固醇（mg/100 g）	必需氨基酸占总氨基酸比例（%）	不饱和脂肪酸占总脂肪酸百分比（%）
测定值	0.80	43.03	47.7	38.40	53.5
参照值	0.36	＜60.00	58.0	35.63	47.5

2. 产品外在特征及独特营养品质特征评价鉴定

武川肉牛生活在武川县范围内，牛肉具有正常的气味，无肉眼可见异物；肌肉有光泽，肉色深红，脂肪呈乳白色，有大理石花纹；外表微干，不粘手。内在品质肌间脂肪、必需氨基酸占总氨基酸比例、不饱和脂肪酸占总脂肪酸百分比均高于参考值，剪切力及胆固醇优于参考值。

3. 评价鉴定依据

《中国食物成分表》（第六版第二册）、《鲜、冻分割牛肉》（GB/T 17238—2008）、《牛肉等级规格》（NY/T 676—2010）、《大通牦牛肉质特性研究》。

🛒 市场销售采购信息

武川县上鱼得养殖专业合作社　联系人：李俊辉　联系电话：13947127105
武川县万禾利生种植专业合作社　联系人：范军　联系电话：13848132244
武川县辉煌盛牧种养殖专业合作社　联系人：郭素芳　联系电话：15124763795

（九）武川肉羊

证书编号：CAQS-MTYX-20220225

1. 营养指标（表22）

表22　武川肉羊独特性营养品质主要指标

参数	胆固醇（mg/100 g）	剪切力（N）	亮氨酸（mg/100 g）	鲜味氨基酸占总氨基酸比例（%）	不饱和脂肪酸占总脂肪酸百分比（%）
测定值	51.8	38.05	1 810	26.81	55.4
参照值	82.0	<60.00	1 541	25.98	43.2

2. 产品外在特征及独特营养品质特征评价鉴定

武川肉羊在武川范围内，在其独特的生长环境下，羊肉具有肌肉有光泽，色泽鲜艳，脂肪为乳白色，肉质表面微湿润，不粘手，肉质紧密，有坚实感，肌纤维有韧性的特性。内在品质具有亮氨酸、不饱和脂肪酸、鲜味氨基酸含量高，剪切力、胆固醇低等特点。

3. 评价鉴定依据

中国食物成分表（第六版第二册）、《鲜、冻胴体羊肉》（GB/T 9961—2008）、《肉的食用品质客观评价方法》（NY/T 2793—2015）、《羊肉质量分级》（NY/T 630—2002）、《冷却羊肉》（NY/T 633—2002）、《优质羊肉品质要求》（DB22/T 1003—2018）、《龙陵黄山羊屠宰性能及肉质研究》。

🛒 市场销售采购信息

武川县金宝地养殖专业合作社　联系人：王瑞　联系电话：15049144118
内蒙古远牧生态农牧业发展有限公司　联系人：郭喜平　联系电话：13948117500
武川县厚丰苑养殖专业合作社　联系人：王俊清　联系电话：15848173115
武川县田沃养殖专业合作社　联系人：田金花　联系电话：15848925695
武川县山老区农畜产品专业合作社　联系人：高政统　联系电话：15849370111

06 新城区篇

　　新城区位于内蒙古自治区首府呼和浩特市的东北部。始建于清朝乾隆四年（公元 1739 年），是由清代建造的"绥远城"俗称呼"新城"而得名。全区总面积 700 km²，城区规划面积 100 km²，新城区四季分明，年平均气温 8 ℃左右，二级以上优良天数达 270 d 以上，饮用水源水质多年保持 100% 达标。新城区日照充足，全年日照时数为 2 862.8 h。春季平均日照时数 808 h，夏季平均日照时数 818 h，秋季平均日照时数 701 h，冬季平均日照时数 604 h，分别占全年日照时数的 28%、28%、24%、20%。年日照百分率为 65%。新城区霜冻在春秋两季出现，春季终霜迟，秋季初霜早。初霜平均见于 9 月中、下旬，终霜平均见于 4 月中、下旬，无霜期为 132～174 d，北部山区较短，城区较长。常住人口 6.99 万人。

　　新城区是呼和浩特市的核心区，是链接西北经济带、京津冀经济圈、环渤海经济圈和亚欧大陆桥的重要枢纽，是国家"呼包鄂榆城市群规划"的核心区域，是国家"一带一路"倡议、草原丝绸之路战略、中蒙俄经济走廊与国家向北开放的重要桥头堡。

新城区近年来加快构建现代农业产业体系，推进都市现代农业发展，完善现有设施农业园区温室设施，提升园区环境，引导种植特色高效果蔬，发展休闲观光采摘农业；对村庄周边可利用耕地整理开发，配套滴灌等设施，有效利用，引导种植适宜农作物、果蔬、药材，延伸加工、包装等产业链，不断提升野马图采摘园、讨思浩村农业园区休闲观光采摘能力，建成集育苗、种植、采后处理、知名电商合作销售等为一体的现代农业产业。

绿色食品认证产品

新城区"中粮小麦粉"

证书编号：LB-02-21020502028A　　LB-02-21020502029A

1. 营养指标（表1）

表1　新城区"中粮小麦粉"营养成分

参数	蛋白质（g/100 g）	脂肪（g/100 g）	能量（kJ/100 g）	碳水化合物（g/100 g）	钠（mg/100 g）
测定值	9.0	1.5	1 467	74.01	0
NRV（%）	15	3	17	25	0

2. 产品外在特征及独特品质特征评价鉴定

品甄选内蒙古特色原粮，色泽自然、麦香纯正；科学搭配，制粉设备和工艺先进，提取优质小麦精华；产品灰分低、色泽自然白亮，均匀细腻、筋性适中。

馍片：制成品表皮光亮，组织细腻，纹理清晰，不掉渣，不塌腰；焙烤后酥脆不裂。

小麦粉：精选硬麦，粒粒筋道；粉质细腻，筋道爽滑；原粮来自"塞上江南"美誉的小麦黄金生长带河套平原年均3 000多个小时的日照，较大的昼夜温差，孕育了独特的河套硬质小麦。

3. 评价鉴定依据

《绿色食品　农业使用准则》、《绿色食品　标志许可审查程序》、《绿色食品　产地环境质量》、《绿色食品　产地环境调查、检测与评价规范》。

4. 环境优势

新城区围绕生态绿化、重点项目建设和环境治理，实施大青山前坡生态保护综合治理工程。累计落实绿化用地14万亩，栽植各类乔灌木1 400万株（丛）。全区森林覆盖率由37.7%提高到44.1%，已成为呼和浩特后花园，为改善首府小环境气候和发展都市旅游起到很好的基础作用。土壤以淤土为主要，是农田改造时期凭借开渠、坝堰水利工程设施，利用洪水将肥土淤入地表的。其组分为晒熟的灰褐土、草甸土和粪肥混合的复合土。这种土壤肥力高、团粒结构好，适宜农作物生长。

5. 储藏方法

储藏方法：常温、通风、干燥、避光。

🛒 **市场销售采购信息**

呼和浩特市中粮面业有限公司　联系电话：0471-3273922　联系人：张帅　联系电话：18830452785

二

全国名特优新农产品名录收集登录产品

（一）新城草莓

证书编号：CAQS-MTYX-20220223

1. 营养指标（表 2、表 3）

表 2　新城草莓（圣诞红）独特性营养品质主要指标

参数	可溶性固形物（%）	总糖（g/100 g）	维生素 C（mg/100 g）	锌（mg/kg）	固酸比
测定值	12.2	8.00	71.4	0.34	21.4
参照值	≥7.0	5.34	47.0	0.14	≥10.0

表 3　新城草莓（红颜）独特性营养品质主要指标

参数	可溶性固形物（%）	总酸（%）	维生素 C（mg/100 g）	总糖（%）	硒（μg/100 g）
测定值	12.6	0.75	62.8	7.80	8.6
参照值	≥7	0.7～1.0	47.0	5.34	7.0

2. 产品外在特征及独特营养品质特征评价鉴定

新城草莓（圣诞红）在新城区范围内，在其独特的生长环境下，具有表面新鲜洁净，伴有浓郁香味，带有新鲜绿色萼片，果实表面新鲜洁净，伴有浓郁香味，成熟度好，果实鲜嫩，口感香甜，美味多汁的特性，内在品质可溶性固形物、维生素 C、总糖、锌、固酸比均高于参考值。

新城草莓（红颜）新城区范围内，在其独特的生长环境下，具有果形端正整齐，成熟度好，果面呈鲜红色有光泽，柔软多汁，甜酸适口，香气浓郁的特性。内在品质可溶性固形物、维生素 C、总糖、硒均高于参考值，总酸符合参考范围。

3. 评价鉴定依据

新城草莓（圣诞红）：《中国食物成分表》（第六版第一册）、《草莓》（NY/T 444—2001）、《草莓品种果实品质特性比较》、《苯酚—硫酸法测定草莓中总糖含量》。

新城草莓（红颜）：《中国食物成分表》（第六版第一册）、《草莓》（NY/T 444—2001）、《苯酚—硫酸法测定草莓中总糖含量》。

🛒 市场销售采购信息

内蒙古百鲜农业有限公司　联系人：崔立兵　联系电话：13674784058
呼和浩特市鼎诚种养殖农民专业合作社　联系人：何英娇　联系电话：15598178222
呼和浩特市莓好农业发展有限公司　联系人：程永强　联系电话：13015208728
呼和浩特市新城区野马图裕丰种植农民专业合作社　联系人：周慧强　联系电话：18547126888
呼和浩特市新城区农丰蔬果种植农民专业合作社　联系人：陈建军　联系电话：18247134780
内蒙古经纶农业科技有限公司　联系人：刘景彪　联系电话：13354874139
呼和浩特市鑫冠种养殖农民专业合作社　联系人：李银旺　联系电话：13384878666
呼和浩特市卫南种植农民专业合作社　联系人：贾利平　联系电话：15598071176
呼和浩特市谷丰隆茂种植农民专业合作社　联系人：谷雨　联系电话：18647121520

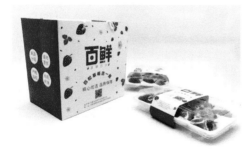

（二）新城玉米

证书编号：CAQS-MTYX-20220617

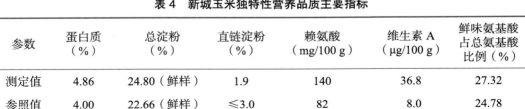

1. 营养指标（表4）

表4　新城玉米独特性营养品质主要指标

参数	蛋白质（%）	总淀粉（%）	直链淀粉（%）	赖氨酸（mg/100 g）	维生素A（μg/100 g）	鲜味氨基酸占总氨基酸比例（%）
测定值	4.86	24.80（鲜样）	1.9	140	36.8	27.32
参照值	4.00	22.66（鲜样）	≤3.0	82	8.0	24.78

2. 产品外在特征及独特营养品质特征评价鉴定

新城玉米在呼和浩特市新城区范围内，在其独特的生长环境下，每根长约19 cm，外观呈黄色，煮熟后口感软糯香甜。具有颗粒排列整齐紧密，完整饱满，皮薄肉嫩，煮熟后口感软糯香甜的特性，内在品质具有较高的蛋白质、总淀粉、赖氨酸、鲜味氨基酸，直链淀粉满足二级质量要求，且含有较高的维生素A。

3. 评价鉴定依据

《中国食物成分表》（第六版第一册）、《四个糯玉米品种加工后的品质比较》、《糯玉米》（GB/T 22326—2008）、《速冻甜玉米粒》（DB22/T1806—2013）。

市场销售采购信息

内蒙古荣坤生态农业有限公司　联系人：王娟　联系电话：15548729488
新城区入帘青盆栽蔬菜经销部　联系人：王焱　联系电话：18686014877

07 玉泉区篇

      玉泉区是内蒙古自治区首府呼和浩特市的发祥地,由"御马刨泉"的美丽传说而得名,有着 440 多年的历史,位于呼和浩特市区西南部,辖区总面积 260 km²,东部与赛罕区相邻,南部、西部与土默特左旗接壤,北部与回民区毗连,现辖一个镇、八个街道办事处,设 63 个社区、50 个行政村。玉泉区地处土默川平原,地貌类型以平原为主,北部地质属于山前洪积冲积倾斜平原,南部为大黑河冲积平原。平均海拔高度为 1 035 m,北部地区约 1 050 m,西南约 1 020 m,总体地势由东北向西南倾斜,光能资源丰富,日照充足,属于全国的次高值区。

      玉泉区属温带大陆性季风气候区。四季分明,年平均气温 5～6 ℃,平均年温差 35.1 ℃,年平均降水量约 400 mm,降水多集中在 7—8 月,日照充足,全年日照时数为 2 863 h 左右。年日照百分率为 65%,平原无霜期在

121～150 d。地下水是城区的唯一水源。主要补给源是大青山山区降水入渗转化的地下水，由哈拉沁沟和乌素图沟两个冲积扇径流补给，形成自流盆地。

2022年，玉泉区农作物播种面积达到9.6万亩，5 000亩高标准农田效益全面提升，推广6 000亩大豆玉米带状复合种植，粮食总产量稳定在7 500 t以上，经济作物总产量达到4.8万吨。新增设施果蔬种植面积300亩，蒙荜源四系生态农业项目投产达效，东甲兰等4个村农产品冷链物流设施投入使用，新型经营主体不断壮大，产业化龙头企业、专业合作社、家庭农场达到71家，带动1万余户农民增产增收。达赖庄网纹瓜、南台什小洋葱、西庄西兰花等特色产品走俏市场，玉泉番茄、玉泉鸡蛋获得"全国名特优新农产品"认证，"田园优品"品牌强农效应凸显。

一

绿色食品认证产品

玉泉区"阜丰雪花味精"

证书编号：LB-56-22010500074A

1. 工艺流程

"农产品→生物制造→氨基酸、生物多糖及肥料→农产品"循环经济发展模式。

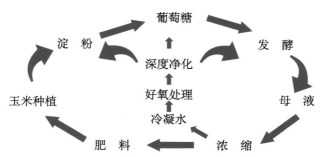

2. 产品外在特征及独特品质特征评价鉴定

U鲜味精系采用优质玉米产地的玉米为发酵原料，采用先进工艺提取精制而成，完善的质量体系确保产品更纯净、更健康，汤鲜味美，迅速提升菜品鲜度、高温烹煮，汤体不起泡、不粘锅、不糊汤，汤色清澈，久煮持香。味道更鲜美，品味更纯正，感觉更美好。谷氨酸钠含量大于等于99%。

3. 评价鉴定依据

《绿色食品　食品添加剂使用准则》、《绿色食品　标志许可审查程序》、《绿色食品　产地环境质量》、《绿色食品　产地环境调查、检测与评价规范》。

4. 储藏方法

储藏方法：常温、通风、干燥、避光。

市场销售采购信息

内蒙古阜丰生物科技有限公司　联系电话：400-852-0546　联系人：孟令颉　联系电话：18048368677

二

全国名特优新农产品名录收集登录产品

（一）玉泉番茄

证书编号：CAQS-MTYX-20190247

1. 营养指标（表1）

表1 玉泉番茄独特性营养品质主要指标

参数	维生素C （mg/100 g）	总酸 （g/100 g）	可溶性固形物 （%）	番茄红素 （mg/kg）	硒 （μg/100 g）
测定值	22.4	0.414	5.40	93.50	0.77
参照值	14.0	0.476	4.88	21.32	0.20

2. 产品外在特征及独特营养品质特征评价鉴定

玉泉番茄果形为扁圆，单果重约150 g，果色为红色，果顶形状圆平，果实横切面为圆形，果肉颜色为红色，肉质口感沙，风味甜，有清香味。该产品在玉泉区域范围内，在其独特的生长环境下，内在品质维生素C、可溶性固形物、番茄红素、硒均高于参考值，总酸优于参考值。

3. 评价鉴定依据

《影响番茄可溶性固形物含量的相关因素研究》《改良型植物营养剂对番茄果实中番茄红素含量的影响》和《中国食物成分表》（第六版第一册）。

🛒 市场销售采购信息

呼和浩特市禾裕农业发展有限责任公司　联系人：王升明　联系电话：15661174555
呼和浩特市亿祥源种养殖农民专业合作社　联系人：义如格乐　联系电话：15904879587
玉泉区启露种养殖农民专业合作社　联系人：郑文啟　联系电话：13804747803
内蒙古振华胜兴农业有限公司　联系人：侯振华　联系电话：15661275025
呼和浩特市蒙达源土根深养殖专业合作社　联系人：张普　联系电话：15848908011
玉泉区恒之胜种养农民专业合作社　联系人：王宏　联系电话：13474800094

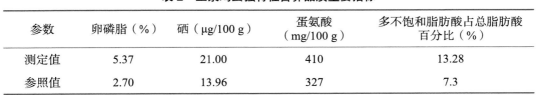

（二）玉泉鸡蛋

证书编号：CAQS-MTYX-20220618

1. 营养指标（表2）

表2 玉泉鸡蛋独特性营养品质主要指标

参数	卵磷脂（%）	硒（μg/100 g）	蛋氨酸（mg/100 g）	多不饱和脂肪酸占总脂肪酸百分比（%）
测定值	5.37	21.00	410	13.28
参照值	2.70	13.96	327	7.3

2. 产品外在特征及独特营养品质特征评价鉴定

玉泉鸡蛋在呼和浩特市玉泉区范围内，在其独特的生产环境下，单颗重约 54 g，蛋壳较硬呈均匀浅红褐色，蛋白黏稠透明，蛋黄轮廓清晰，煮熟后，蛋白光滑弹嫩，蛋黄颜色较深。具有蛋白黏稠透明，蛋黄轮廓清晰，煮熟后，蛋白光滑弹嫩，口感细腻的特性，内在品质具有必需氨基酸占总氨基酸、多不饱和脂肪酸占总脂肪酸、蛋氨酸、硒、卵磷脂高等特点。

3. 评价鉴定依据

《中国食物成分表》（第六版第二册）、《固原地区朝那鸡鸡蛋的品质分析》。

市场销售采购信息

内蒙古瑛荣养殖有限公司　联系人：王在瑛　联系电话：13674742732
内蒙古蒙强农牧业有限公司　联系人：寇志强　联系电话：15598132444

（三）玉泉牛乳

证书编号：CAQS-MTYX-20230771

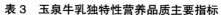

1. 营养指标（表 3）

表 3　玉泉牛乳独特性营养品质主要指标

参数	蛋白质（%）	硒（μg/100 g）	鲜味氨基酸占总氨基酸比例（%）	亚油酸 / 总脂肪酸（%）	脂肪（g/100 g）
测定值	3.28	2.00	29.7	3.3	3.2
参照值	2.90	1.34	28.7	3.0	≥3.1

2. 产品外在特征及独特营养品质特征评价鉴定

玉泉牛乳在呼和浩特市玉泉区范围内，在其独特的生产环境下，具有外观为乳白色液体，状态均匀细腻，奶香纯正，口感香醇浓郁，具有鲜美的乳香味的特性，内在品质蛋白质、脂肪、硒、鲜味氨基酸占总氨基酸比例、亚油酸 / 总脂肪酸均高于参考值。

3. 评价鉴定依据

《中国食物成分表》（第六版第二册）、《内蒙古不同地区牛乳中常规营养成分及氨基酸的比较研究》、《食品安全国家标准生乳》（GB 19301—2010）。

🛒 市场销售采购信息

内蒙古蒙德隆奶牛养殖有限责任公司泽牧分公司　联系人：陈晨　联系电话：18504812567
呼和浩特市星连星牧业有限公司　联系人：徐志强　联系电话：18947123232

08 赛罕区篇

赛罕区位于内蒙古自治区首府呼和浩特市城区东南，地处美丽富饶的土默川平原，北依大青山，南傍大黑河，呈扇形，属中温带大陆性气候，年平均温度为 5.8 ℃，昼夜温差在 10 ℃左右，年平均降水量为 417.5 mm，年平均空气相对湿度 55%，年平均无霜期为 125～150 d，年平均日照数为 2 974.4 h，最大冻土深度 156 cm。辖区总面积 1 015.5 km²，其中城区面积 135 km²，农区面积 880.5 km²。辖 3 个镇、2 个涉农街道，共有 101 个行政村，农牧民人口 12.8 万人。全区总耕地面积 59.5 万亩，粮食播种面积 45.44 万亩、粮食产量 24 万 t。设施蔬菜种植面积 6.5 万亩，大棚 1.4 万栋，露地蔬菜种植面积 1.4 万亩，地产菜全市占比稳定在 50% 以上。全区牛羊存 / 出栏量 19.44 万头 /9.20 万头，肉类产量 0.76 万 t；奶牛存栏数量 1.88 万头，牛奶产量 7.68 万 t。

赛罕区依托金桥"双创"示范区、京东数科产业园，推进农牧业数字赋能，让农畜产品向产业化、品质化、品牌化发展。以102省道、呼凉路、河西路、大添路沿线（四线）为纵向延伸，金河镇、黄合少镇、榆林镇、巴彦街道、敕勒川路街道（五地）为板块推进，以重点村和规模种植合作社（多点）为点状辐射进行空间布局，巩固扩大设施蔬菜种植面积，优化产品品质和上市时段，提升蔬菜种植效益。加强标准化、规模化基地建设，促进休闲采摘、民宿旅游、农业观光融合发展，实现农业增效、农民增收、农村增色。全区累计建成葡萄种植基地、火龙果种植基地、网纹瓜种植基地等规模化特色果蔬种植基地45个，培育了万鑫、健芯、硕丰等35家龙头企业（合作社）。

现有绿色食品认证企业5个、绿色产品认证13个、名特优新农产品3个。现有龙头企业35家，其中国家级龙头企业1家，自治区级龙头企业7家，市级龙头企业27家；共培育市级农民专业合作社示范社27家、市级示范家庭农牧场8家。赛罕区于2019年被内蒙古自治区农牧厅命名为自治区农畜产品质量安全监管示范区，农畜产品质量安全水平不断提高，农畜产品质量抽检合格率达98%以上。

一

绿色食品认证产品

（一）赛罕区"轩达泰红心火龙果"

证书编号：LB-56-22010500074A

1. 营养指标（表 1）

表 1 赛罕区"轩达泰红心火龙果"品质主要指标

参数	维生素 C（mg/100 g）	可溶性固形物（%）	总酸（g/100 g）	可溶性糖（%）	硒（μg/100 g）
测定值	5.3	13.8	0.14	7.11	0.31
参照值	3.0	12.9	0.28	6.53	0.03

2. 产品品质特征

轩达泰火龙果生长在呼和浩特市赛罕区范围内，外观呈鲜艳玫红色，果皮颜色均匀，体表上有厚短叶，花萼四周叶较长，果实玲珑圆润，果肉为紫红色，紧实饱满，果肉间均匀分布黑芝麻状种子，颜色深黑且密实，果皮薄且易剥离，汁水饱满，口感清甜，老少咸宜。且红心火龙果富含花青素、维生素 C 等营养成分，是营养保健功效很好的水果。

3. 检测依据

《绿色食品 热带、亚热带水果》、《绿色食品 农药使用准则》、《绿色食品 标志许可审查程序》、《绿色食品 产地环境质量》、《绿色食品 产地环境调查、检测与评价规范》。

4. 环境优势

轩达泰火龙果产业园位于内蒙古呼和浩特市赛罕区黄合少镇黑沙图村。海拔 1 070 m，属典型的蒙古高原大陆性气候，四季气候变化鲜明，年温差大，日温差也大，光照充足；年平均降水量为 335.2～534.6 mm，且主要集中在 6—8 月，植物生长季 6、7、8 三个月降水量占全年降水量的 70% 以上，对植物生长极为有利。

5. 储藏方法

火龙果在室温（20～30 ℃）条件下可储存 7 d 左右，在 10 ℃ 条件下可储存 18 d 左右，在温度 4～8 ℃、湿度 85%～95% 中冷藏，保质期可达 20～25 d。在 5 ℃ 低温下，相对湿度 90% 的环境中，可以储藏 40 d。

 市场销售采购信息

团购热线：15661021816　采摘热线：15247184969　15049128761
公众号：轩达泰农业科技　联系人：黄国华　联系电话：15661021816

（二）赛罕区"网纹甜瓜"

证书编号：LB-15-23050505922A

1. 产品品质特征

网纹甜瓜是葫芦科黄瓜属中的栽培种，属哈密瓜的一个品种，以果实表面具有网状裂纹而得名。其果实呈圆球形，顶部有新鲜绿色果藤；果皮翠绿，带有灰色条纹，成网状；果肉黄绿色，口感似香梨，脆甜爽口，散发出清淡怡人的混合香气，有丝丝奶香味和果香味；富含碳水化合物、矿物质、维生素等，具有较高的营养价值和药用价值，且因其外观新颖、网纹立体如艺术珍品，具有观赏摆饰价值。

2. 检测依据

《绿色食品　西甜瓜》《绿色食品　农药使用准则》《绿色食品　标志许可审查程序》《绿色食品　产地环境质量》《绿色食品　产地环境调查、检测与评价规范》。

3. 产地概况

赛罕区位于呼和浩特城区东南部，是市四区之一，同时是呼和浩特市面积最大的城区。形状呈扇形，东部和东南部与乌兰察布市卓资县、凉城县毗邻，西部南部与玉泉区、和林县接壤，北部与新城区为邻。赛罕区地势以平原、山区、丘陵为主，北高南低，东高西低，东北偏高，西南偏低，山地与平原呈自然坡度，平均坡度 2%～3%。北部和东部是大青山山区的一部分，群山环绕，沟壑纵横，多为灰褐土和砾石土。

4. 环境优势

产地光照充足，气候干燥，昼夜温差大，土壤透气性好，富含矿物质，污染少；网纹甜瓜喜温耐热，生长适温白天 25～30 ℃，晚上 15～18 ℃，能耐 35～40 ℃高温，产地的昼夜温差有利于果实的发育和糖分的积累，使这里所产甜瓜香气浓郁、醇香甘甜、风味独特、品质优良，享有盛誉，呼和浩特市是全国夏秋西甜瓜黄金种植区，具有生产绿色有机农产品的自然条件。

5. 储藏方法及推荐食用方法

网纹甜瓜最适宜的保存温度是 0 ℃，可在瓜成熟后采摘放置 3～4 d 后食用口感最佳。食用时，可按压瓜底，瓜底微软，对半切开用勺子挖着吃，冷藏口感更佳。

市场销售采购信息

名称：呼和浩特市赛音农业种植专业合作社　地址：内蒙古自治区呼和浩特市赛罕区黄合少镇赛音不浪村
公司邮箱：synysy@126.com　联系人：李国庆　联系电话：18047183721

（三）赛罕区"昊美果蔬"

证书编号：LB-15-21040504132A-35A

1. 产品品质特征

昊美的西红柿，果色为红色，果面无茸毛，果顶形状圆平，果肩形状微凹；果腔充实，果实坚实，果肉颜色为红色，肉质口感沙，风味甜，汁多爽口，有清香味。

豆角呈线性，较为细长，外面呈绿色，表面较为光滑，摸起来有明显的肉质；感富含蛋白质，以及少量的胡萝卜素，维生素等，是一种营养价值较高的蔬菜，豆角的干物质中蛋白质含量能达到 2.7%，是很好的植物蛋白的来源。

油葫芦外皮呈淡绿色，果皮十分的光滑，多数呈圆筒形；具有很高的营养价值，含有丰富维生素 C、胡萝卜素和纤维素，还含有大量的钙和一定量的钾等。

香菜，有强烈香气，根细长，有许多纤细的支根。茎直立，多分枝，有条纹。其水分含量很高，可达 90%；内含维生素 C、胡萝卜素、维生素 B_1、维生素 B_2 等，同时还含有丰富的矿物质，如钙、铁、磷、镁等。

2. 检测依据

《绿色食品 茄果类蔬菜》、《绿色食品 瓜类蔬菜》、《绿色食品 豆类蔬菜》、《绿色食品 绿叶类蔬菜》、《绿色食品 农药使用准则》、《绿色食品 肥料使用准则》、《绿色食品 标志许可审查程序》、《绿色食品 产地环境质量》、《绿色食品 产地环境调查、检测与评价规范》。

3. 环境优势

赛罕区的农业园区周围以农业为主，没有工业污染，光照充足。蔬菜主要以设施种植为主，温度在 12~35℃，昊美的生产基地选择地下水位较低、土层深厚疏松的壤土，有机质含量、养分含量、温度可以满足蔬菜种植的要求，大量施用农家肥和有机肥，品质好。

市场销售采购信息

名称：呼和浩特市昊美果蔬专业合作社 联系人：马来喜 联系电话：13848710529

（四）赛罕区"塞北粮仓面粉"

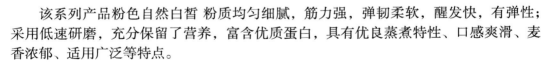

证书编号： LB-02-22120518084A-89A

1. 产品品质特征

该系列产品粉色自然白皙 粉质均匀细腻，筋力强，弹韧柔软，醒发快，有弹性；采用低速研磨，充分保留了营养，富含优质蛋白，具有优良蒸煮特性、口感爽滑、麦香浓郁、适用广泛等特点。

2. 检测依据

《饺子用小麦粉》（LS/T 3203—1993）《食品安全国家标准 食品中污染物限量》（GB 2762—2017）、《食品安全国家标准 食品中真菌毒素限量》（GB 2761—2017）、《食品安全国家标准 食品中农药最大残留限量》（GB 2763—2021）、《粮油检验粮食、油料脂肪酸值测定》（GB/T 5510—2011）、《粮油检验粉类磁性金属物测定》（GB/T5509—2008）、《粮油检验粉类粮食含砂量测定》（GB/T 5508—2011）、《粮油检验粉类粗细度测定》（GB/T 5507—2008）、《小麦和小麦粉面筋含量 第1部分：手洗法测定湿面筋》（GB/T 5506.1—2008）等。

3. 环境优势

产品种植基地位于杭锦后旗，北倚大青山、南临黄河的河套平原腹地，有着全亚洲地区最大的自流灌溉系统—黄河自流灌溉，水分充足；种植基地位于黄河冲积平原，地势平坦，土地肥沃，无农药残留；当地日照时间长，光热资源丰富，是中国日照时数最多的地区之一。

4. 产品适用范围

慢面粉：高档水饺、馄饨、烧麦、面条、鲜湿面、乌冬面、馒头等；

饺子粉：做饺子，晶莹剔透，劲道耐煮；

雪花粉：制作水饺、烧麦、馄饨、意大利面、馒头、包子、水饺、面条、挂面、加州牛肉面、面片等中西式水煮类面点；

农家面：制作馒头、包子、花卷、烧饼、面条等各类中式家庭面点；

原味小麦粉：做面条柔韧细腻，劲道耐煮；做拌汤：细腻爽口，麦香浓郁；也适用于制作馒头、烤馍、麻花、荷花酥、蛋挞皮、布朗尼、面包等中西式烘焙食品。

🛒 **市场销售采购信息**

名称：内蒙古塞北粮仓农业发展有限公司 联系人：李瑞 联系电话：15598872787

（五）赛罕区"面面佳雪花粉"

证书编号：LB 02-22090509731A

1. 产品品质特征

产品采用内蒙古八百里河套灌溉区种植的"永良四号"小麦为原料，提取麦芯而成的高档雪花粉系列产品；产品品质优良、性能稳定、食用安全放心，具有优良蒸煮特性、口感爽滑、麦香浓郁、适用广泛等特点。

2. 检测依据

《绿色食品　小麦及小麦粉》、《绿色食品　农药使用准则》、《绿色食品　标志许可审查程序》、《绿色食品　产地环境质量》、《绿色食品　产地环境调查、检测与评价规范》。

3. 环境优势

产品原料采自河套平原优质硬质红小麦，河套平原是全球黄金产区北纬40°优质小麦种植带，地势平坦，土地肥沃，日照时间长，光热资源丰富，是中国日照时数最多的地区之一。小麦生长过程中，水分充足，空气纯净、无污染，昼夜温差大，自然生长，可积蓄更多营养。

4. 产品营养价值及适用范围

该产品中的营养物质主要是淀粉，其次还有蛋白质、脂肪、维生素、矿物质等。可用于制作水饺、烧麦、馄饨、意大利面、馒头、包子、水饺、面条、挂面、面片等中西式水煮类面点。

5. 储藏条件

通风良好：面粉本身有呼吸作用，故需要保证空气的流通。湿度干爽：存放面粉的时候还应该注意湿度，当面粉处于湿度比较大的环境下，很容易产生结块的现象。湿度越小，面粉的含水量就会减小。适合的温度：一般存放面粉的理想温度为18～24℃。没有异味：面粉有一个特点，就是可以吸收空气中的气味。所以在存放面粉的时候，周围的环境不要有异味存在。

市场销售采购信息

名称：内蒙古面面佳食品有限责任公司　联系人：谭利强　联系电话：13404818758　0471-3393333

二

全国名特优新农产品名录收集登录产品

（一）赛罕火龙果

证书编号：CAQS-MTYX-20200466

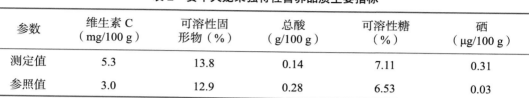

1. 营养指标（表2）

表2　赛罕火龙果独特性营养品质主要指标

参数	维生素C（mg/100 g）	可溶性固形物（%）	总酸（g/100 g）	可溶性糖（%）	硒（μg/100 g）
测定值	5.3	13.8	0.14	7.11	0.31
参照值	3.0	12.9	0.28	6.53	0.03

2. 产品外在特征及独特营养品质特征评价鉴定

赛罕火龙果在呼和浩特市赛罕区范围内，在其独特的生长环境下，外观呈鲜艳玫红色，果皮颜色均匀，体表上有厚短叶，花萼四周叶较长，果肉为紫红色，果肉紧实，果肉间均匀分布黑芝麻状种子，果皮薄且易剥离，汁水饱满，口感清甜的特性，内在品质维生素C、可溶性糖、可溶性固形物、硒均高于参考值，总酸优于参考值。

3. 评价鉴定依据

《火龙果种质资源果实品质性状多样性分析》、《火龙果种质资源果实品质性状多样性分析》、《火龙果汁中微量元素·抗坏血酸和总糖量的分析》、《红肉火龙果与白肉火龙果的品质分析》、《火龙果多糖提取工艺及其生物活性研究现状》、《施硒对火龙果果实品质及总硒含量的影响》、《中国食物成分表》（第六版第一册）、《海南省主栽红心火龙果品种营养成分分析比较》。

🛒 **市场销售采购信息**

呼和浩特市轩达泰种植专业合作社　联系人：黄国华　联系电话：15661021816
内蒙古众智云农牧业科技有限公司　联系人：孙水叶　联系电话：13848912816
内蒙古四系生态农业科技有限公司　联系人：武君　联系电话：13269699112

（二）赛罕番茄

证书编号：CAQS-MTYX-20210559

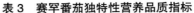

1.营养指标（表3）

表3　赛罕番茄独特性营养品质指标

参数	维生素C（mg/100 g）	总酸（%）	可溶性固形物（%）	番茄红素（mg/kg）
测定值	20.3	0.42	5.40	41.2
参照值	14.0	0.476	4.88	21.32

2.产品外在特征及独特营养品质特征评价鉴定

赛罕番茄生长在赛罕区域范围内，其果色为红色，果面无茸毛，果顶形状圆平，果肩形状微凹，果肉颜色为红色；表皮色泽均匀、光洁，果型圆润无筋棱，果腔充实，果实坚实，果肉肉质口感沙，风味甜，汁多爽口，有清香味。维生素C、可溶性固形物、番茄红素均高于参考值，总酸优于参考值。

3.评价鉴定依据

《中国食物成分表》（第六版第一册）、《番茄等级规格》（NY/T940—2006）、《番茄果实可溶性糖含量遗传规律的研究及QTL定位》、《影响番茄可溶性固形物含量的相关因素研究》、《改良型植物营养剂对番茄果实中番茄红素含量的影响》。

市场销售采购信息

呼和浩特市昊美果蔬专业合作社　联系人：马来喜　联系电话：13848710529
呼和浩特市宝丽鑫农牧业专业合作社　联系人：邢俊峰　联系电话：15661098212
呼和浩特市万鑫种植专业合作社　联系人：赵栓柱　联系电话：15661019898
呼和浩特市绿联种植专业合作社　联系人：陈俊英　联系电话：13704714924
内蒙古腾格里农业开发有限公司　联系人：于秀珍　联系电话：15849126668
呼和浩特市沸源种养殖专业合作社　联系人：杨艳荣　联系电话：13674747417
内蒙古善晟农业发展有限公司　联系人：李晓东　联系电话：15904896112
内蒙古四系生态农业科技有限公司　联系人：武君　联系电话：13269699112

（三）赛罕黄瓜

证书编号：CAQS-MTYX-20220224

1. 营养指标（表4）

表4　赛罕黄瓜独特性营养品质主要指标

参数	水分（%）	维生素C（mg/100 g）	可溶性固形物（%）	可溶性糖（%）	总酸（%）
测定值	95.8	12.0	4.0	2.06	0.15
参照值	≤96.0	≥6.0	1.1	1.5	0.3

2. 产品外在特征及独特营养品质特征评价鉴定

赛罕黄瓜在呼和浩特市赛罕区范围内，在其独特的生长环境下，黄瓜瓜皮为翠绿色，具有瓜条顺直，硬实，大小均匀，肉厚质嫩，清脆多汁，风味清甜，有清香味的特征；内在品质具有维生素C、可溶性糖、可溶性固形物含量高，水分、总酸优于参考值等营养品质特征。

3. 评价鉴定依据

《中国食物成分表》（第六版第一册）、《黄瓜》（NY/T 578—2002）。

🛒 市场销售采购信息

呼和浩特市里金佰种养殖农民专业合作社　联系人：王白英　联系电话：15848168295
内蒙古叮咚农业开发有限责任公司　联系人：宋瑶　联系电话：18347988353
呼和浩特市硕丰蔬菜种植农民专业合作社　联系人：董懿君　联系电话：13327129100
呼和浩特市果丰种养殖专业合作社　联系人：刘刚　联系电话：13948416640

（四）赛罕鸡蛋

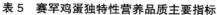

证书编号：CAQS-MTYX-20230208

1. 营养指标（表5）

表5　赛罕鸡蛋独特性营养品质主要指标

参数	蛋白质（%）	硒（μg/100 g）	卵磷脂（%）	蛋氨酸（mg/100 g）	多不饱和脂肪酸占总脂肪酸百分比（%）	甘氨酸（mg/100 g）
测定值	12.6	24.00	3.74	460	16.7	460
参照值	12.2	13.96	2.70	327	7.3	394

2. 产品外在特征及独特营养品质特征评价鉴定

赛罕鸡蛋在呼和浩特市赛罕区范围内，在其独特的生长环境下，具有蛋壳结实不易碎，呈较深红褐色，打开后蛋黄凸起、完整，蛋清澄清透明、稀稠分明，煮熟后蛋白光滑弹嫩，蛋黄口感细腻的特性，内在品质具有蛋白质、硒、卵磷脂、蛋氨酸、甘氨酸、多不饱和脂肪酸占总脂肪酸百分比高的特点。

3. 评价鉴定依据

《中国食物成分表》（第六版第二册）、《固原地区朝那鸡鸡蛋的品质分析》。

 市场销售采购信息

呼和浩特市斌斌种养殖专业合作社　联系人：杨俊盘　联系电话：15848381267

内蒙古健芯农业有限公司　联系人：张健　联系电话：13154877174

呼和浩特市志豪农牧有限责任公司　联系人：李晓燕　联系电话：13384885521

内蒙古赛兴农牧业发展有限公司　联系人：王艳霞　联系电话：15661215267

09 回民区篇

　　民国十八年（公元 1929 年）1 月 1 日，绥远省政府成立，今回民区是归绥县第一区辖区的一部分。1949 年 9 月 19 日，绥远和平起义后沿用原建制。归绥市区仍设 6 个区，今回民区在第一区境内。1954 年 4 月 25 日，归绥市改称呼和浩特市，回民自治区隶属呼和浩特市管辖。1956 年，庆凯区撤销，所辖 5 个居民委员会划归回民自治区管辖，辖区范围扩大。

　　回民区位于内蒙古自治区首府呼和浩特市城区的西北部，面积 194 km²，地处北纬 40°48′～41°08′，东经 111°36′～112°30′。南北长 19 km，东西宽 18 km。东与新城区、赛罕区相接，南与玉泉区毗邻，西与土默特左旗接壤，北与武川县交界。回民区辖 7 个街道，攸攸板 1 个镇。

　　回民区属温带大陆性季风气候，降水年际变率大，年内分配不均，冬季寒冷而干燥，夏季温凉，春季干旱多风，雨热同期，积温有效性高，小气候特点明显。土壤类型多样，分布具有明显的地带性。从高而低按层次分布。大部分土壤为壤质土。厚度在 30 cm 以上为中体土或厚体土，15° 以上坡耕地土层厚度平均 40 cm。北部山区土壤类型为灰褐土，向南为栗褐土，山前冲积平原为草甸土。

呼和浩特市回民区交通便利、通信畅通。京包铁路、呼包公路、110 国道横贯东西，呼武公路向北连接阴山以北地区。

全国名特优新农产品名录收集登录产品

乌素图大杏

证书编号：CAQS-MTYX-20230770

1. 营养指标（表1）

表1 乌素图大杏独特性营养品质主要指标

参数	可溶性固形物（%）	可溶性糖（%）	维生素C（mg/100 g）	总酸（%）	β-胡萝卜素（μg/100 g）
测定值	12	7.76	42.8	1.19	4562
参照值	9	3.5	4.0	2.17	2089

2. 产品外在特征及独特营养品质特征评价鉴定

乌素图大杏在呼和浩特市回民区范围内，在其独特的生长环境下，呈圆形，果皮色泽金黄带红晕，表面光滑，新鲜洁净，果肉深黄色，肉质脆嫩多汁，味道清香，口感香甜的特性，β-胡萝卜素、维生素C、可溶性糖、可溶性固形物均高于参考值，总酸优于参考值。

3. 评价鉴定依据

《中国食物成分表》（第六版第一册）、《18个杏品种在山西太谷的品质特性鉴评》、《2个杏品种不同成熟期果实品质变化研究》、《杏果实糖酸组成及其不同发育阶段的变化》、《直接溶剂萃取/高压液相色谱检测杏中的β-胡萝卜素》。

🛒 市场销售采购信息

呼和浩特市乌素图茂泓特山庄农业专业合作社　联系人：李润枝　联系电话：13171017286
回民区新明果蔬家庭农场　联系人：孙永红　联系电话：13327105642
呼和浩特市谦和果园观光农业有限公司　联系人：张宏奎　联系电话：15848181264
呼和浩特市富仓农业专业合作社　联系人：和富仓　联系电话：15354833058